家装电器器材现学现用

杨承毅　杨　坦　编著

人民邮电出版社
北京

图书在版编目（ＣＩＰ）数据

家装电器器材现学现用 / 杨承毅，杨坦编著. -- 北京：人民邮电出版社，2011.12
ISBN 978-7-115-26037-6

Ⅰ．①家… Ⅱ．①杨… ②杨… Ⅲ．①住宅－室内装修－电气设备－基本知识 Ⅳ．①TU85

中国版本图书馆CIP数据核字(2011)第160590号

内 容 提 要

本书分为"家装强电器材"、"家装弱电器材"和"家庭电工常识"3章，相对系统地介绍了家用强电箱配电、家庭用电负荷、家用绝缘导线、家用开关插座、家用功能性开关插座、家用电光源、家用灯具、安装家庭电话的器材、安装计算机的器材、家庭视听设备的接口和连接线、家庭影院系统、家庭背景音乐、家庭安防、家庭弱电箱和电工常识等相关内容。

本书内容通俗易懂、信息量大、图文结合且彩色印刷，有利于初学者的学习理解。

本书适合对家庭装修人员进行系统的培训，对家庭装饰从业者及业主也有一定的参考价值，更适合技术学校作为培训教材使用。

家装电器器材现学现用

◆ 编　著　杨承毅　杨　坦
　责任编辑　丁金炎
　执行编辑　郝彩红

◆ 人民邮电出版社出版发行　　北京市崇文区夕照寺街 14 号
　邮编　100061　电子邮件　315@ptpress.com.cn
　网址　http://www.ptpress.com.cn
　北京鑫丰华彩印有限公司印刷

◆ 开本：787×1092　1/16
　印张：11.75
　字数：291 千字　　　　　　　　2011 年 12 月第 1 版
　印数：1－4 500 册　　　　　　　2011 年 12 月北京第 1 次印刷

ISBN 978-7-115-26037-6

定价：39.00 元

读者服务热线：(010)67132746　印装质量热线：(010)67129223
反盗版热线：(010)67171154
广告经营许可证：京崇工商广字第 0021 号

前　言

　　家装电器器材是家庭装修的基本元素，安全、舒适、优雅的家庭环境都是由这些器材巧妙合理地组合而成。因此，在旧房改造、新房装修之前认识这些器材，了解其性能和正确的使用方法是必要的。

　　近几年来，随着人民群众生活水平的不断提高，家庭用电负荷在不断增加，特别是随着宽带信息化的普及，"宽带入户"已成了现代住宅的必要条件之一。宽带互联网进入千家万户，为家庭的信息化、智能化的发展提供了坚实基础。因此，现代住宅的装修趋势已经从以前单一的强电电路改造发展为强电和弱电电路同步改造。

　　传统的家装电器器材在不断更新换代，新型电器器材也层出不穷，学习这些知识是客观实际的需要。本书以启蒙为目的，立足于实际，以实物彩图加简洁说明的方式，深入浅出、比较系统地介绍了家庭装修电器器材的方方面面。我们期待本书能实实在在地为读者了解和使用家庭电器器材提供一些帮助，期望读者开卷有益。

　　本书由杨承毅和杨坦共同编著，刘世莲、刘念和陈萍参与编写。在编写过程中，参考了国内外一些电器器材产品使用说明书和相关资料，编者在此一并向大家表示深切的谢意。

　　由于本书知识面广、跨度较大、内容繁多且作者水平有限，书中难免存在不足之处，恳请读者批评指正。

编　者

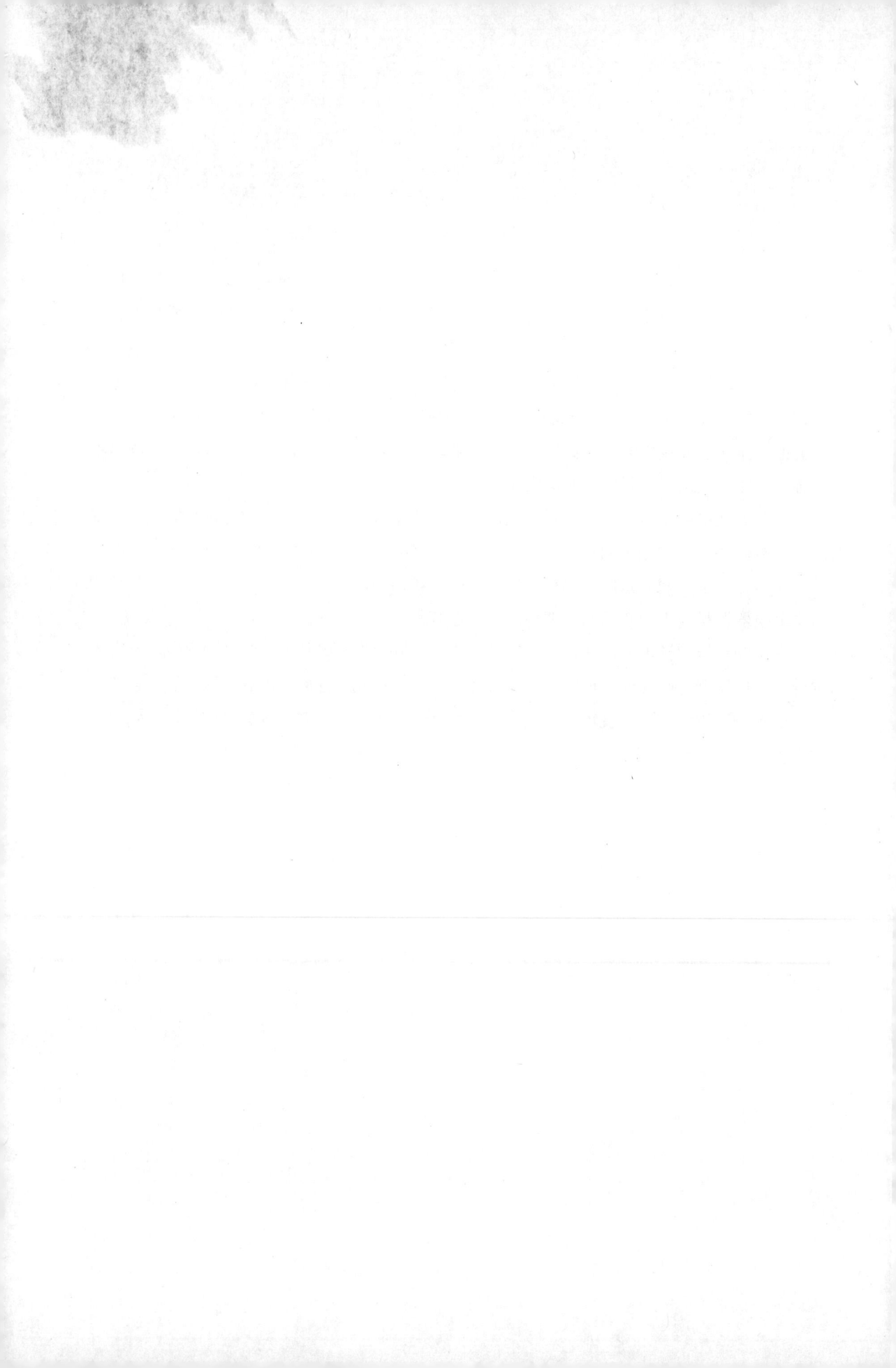

目　　录

第一章 家装强电器材

家庭电线路有强、弱之分，其中，强电一般指交流 220V 配电线路，照明灯具、电热水器、取暖器、冰箱、空调等家用电器为强电电器设备，而家用电话、计算机等用电器为弱电电器设备。

有专家认为，学习家装电器器材最好与装修过程同步。据此，本书从家庭强电电器器材开始谈起。

第一节 家庭强电箱配电

现代家庭强电配电都是以强电箱为中心而展开的。由于强电箱的规格在建筑设计中已按一般要求设计好了，因此在装修前，业主应仔细与装修电工分析一下，原强电箱的容量和配置是否合理？如不合理应及时调整。为使分析有据，应学习如下知识。

1. 家用强电电路

家用强电电路示意如图 1-1-1 所示。

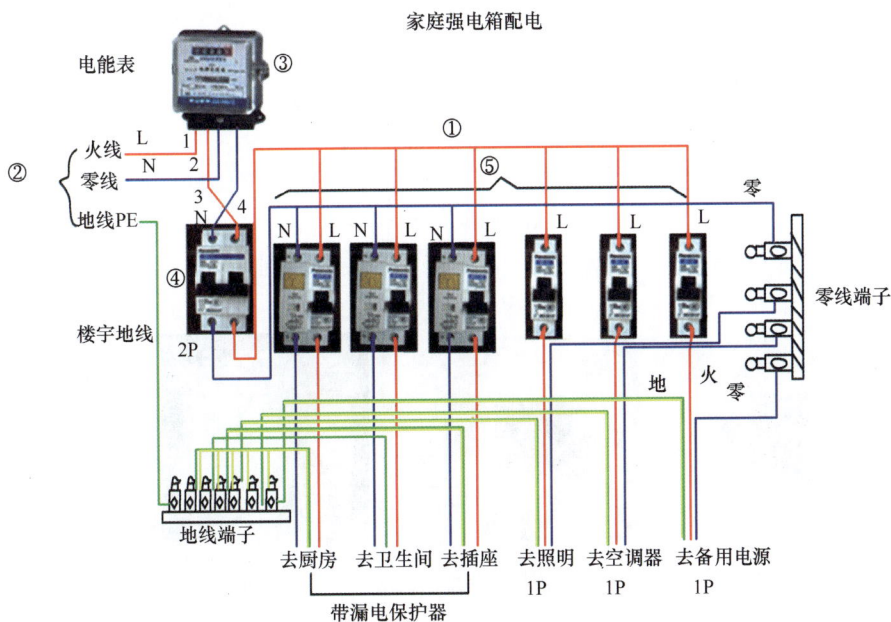

（a）强电箱接线示意图

图 1-1-1 家庭强电电路

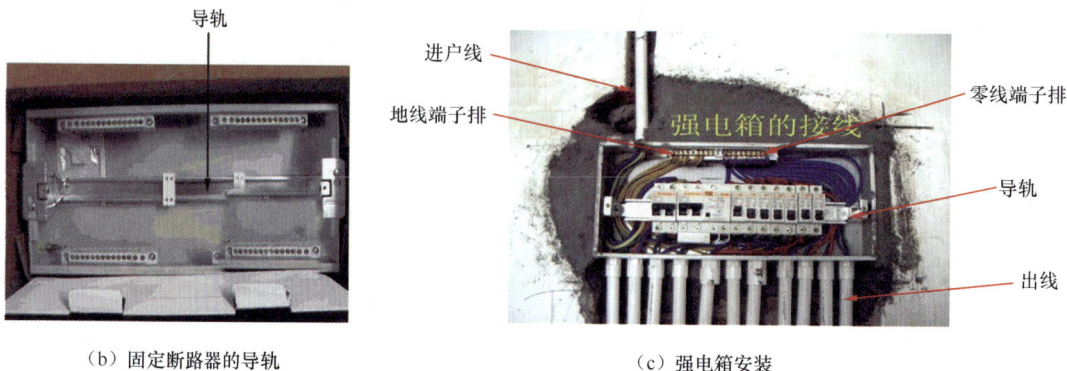

（b）固定断路器的导轨　　　　　（c）强电箱安装

图 1-1-1　家庭强电电路（续）

由图 1-1-1 可知，交流电引入住户之后，每户设置一个强电箱，强电箱内设置总开关及若干路分路控制开关。通过强电箱，可使家庭用电的管理更加安全有序。

2. 强电电路中各部分的作用［以下说明和图 1-1-1（a）强电箱接线示意图一一对应］

（1）家庭强电箱

家庭强电箱，也称家庭强电配电箱，是把断路器（也叫空气开关、空开）装在里面的箱体，其中有卡接断路器的导轨，零线排、地线排和标示牌（便于安装和维修）。区别一个配电箱的优劣，主要体现在：品牌知名度，箱体钢板厚度，喷塑工艺及零、地铜排的用材等方面的差异。

配电箱的安装有明装、暗装之分。明装通常采用悬挂式，可以用金属膨胀螺栓将箱体固定在墙上，一般家用较少；暗装为嵌入式，应随土建施工预埋。配电箱的选择，应根据现场的具体情况（如墙的结构、房间和用电负荷等）来加以确认。

家庭的强电配电箱一般都装在进门处侧面比较隐蔽的位置，距离地面的高度为 1.8m 左右。市场上有 8 位、12 位、14 位、16 位、20 位和 24 位箱体。另外，还有 2 位、3 位、4 位的空开盒，所谓的"位"就是 1P 断路器安装所需的空间，实物示意如图 1-1-2 所示。

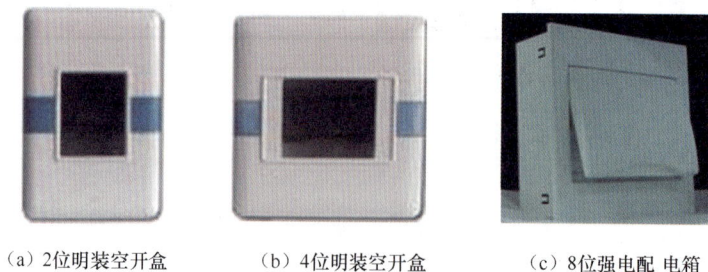

（a）2位明装空开盒　　　　（b）4位明装空开盒　　　　（c）8位强电配 电箱

图 1-1-2　空开盒和配电箱

另外，为了安装和日常维护的方便，人们往往都对空开对应的用途进行了标示，具体如图 1-1-3 所示。

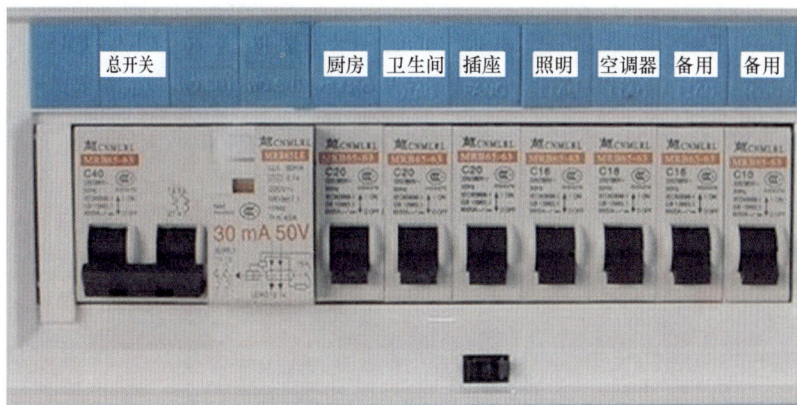

图 1-1-3　空开位置标示

品牌配电箱一般有如下特点。

① 内部端子板是铜排，安装简便。

② 对于明装式接地、接零端子排支架，在箱体埋入墙体后仍可方便拆装。

③ 由于将接地、接零端子板设置在周边，使布线整齐、接线方便。

④ 箱体内部空间大，深度足够深，便于施工接线。

⑤ 箱体钢板有相当的厚度，不易变形，用手摸有厚重感。

（2）进户线

如图 1-1-1（a）②所示，进户线有 3 根线，其中标"L"（Live）的线叫火线，标"N"（Neutral）线叫零线（火线与零线之间有 220V 的交流电压），标"PE"（Protecting Earthing）的线叫地线。家庭用电，一般是交流 220V 的单相电，由火线经过用电器后经零线形成回路，用电器才能正常工作。部分外壳为金属的电器，还需要接一条接地线，地线是一根起安全作用的线，它一端接在大地上，一端接在三极插座的中间插孔上，由于地线使带电体金属外壳与地等电位，所以会保护意外碰触带电电器外壳人们的安全。

需要进一步说明的是，地线不能与零线混为一谈，也不能省略。省略了地线固然不影响电器工作，但是不能保障人身安全。

为了方便施工和维修，火线一般使用红色线；零线一般采用蓝色线，有的也使用黑色线；地线按标准只能使用黄绿相间的双色线，由于地线对用电安全很重要，所以对颜色要求非常严格，一般不允许使用其他颜色的导线代替。几种颜色的电源线实物如图 1-1-4 所示。

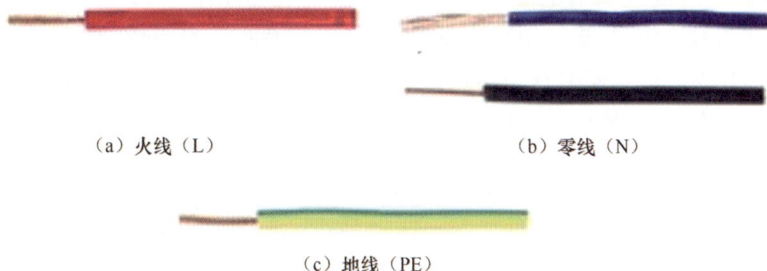

（a）火线（L）　　　　　　　（b）零线（N）

（c）地线（PE）

图 1-1-4　电源线的颜色

（3）电能表

接在图 1-1-1（a）③处的是电能表。电能表的作用是测量用户在一定时间内消耗的电能。本接线方式是 1、3 接线柱进，2、4 接线柱出。一只标有"220 20A"的电能表的含义：220V 是指该电能表应接在电压是 220V 的电路中，20A 是指电能表允许通过的最大电流。由 $P=UI=220V \times 20A=4\,400W$ 计算的结果表示：用户电器的总功率不能超过 4 400W。电能表的读数方法：例如，每月 15 日记下起始时间的值，到下月 15 日再记下结束时间的值，两次的差值就是本月消耗的电能数，注意最末一位数字为小数部分。电能的单位为千瓦时（kW·h），常称为度。

（4）总开关

图 1-1-1（a）④所示为家庭用电总开关，可采用 2P 断路器或 2P 带漏电保护断路器两种形式。其安装位置在电能表后，分开关之前。总开关采用空气开关的目的是在电路中电流过大时，可自动切断电路的供电，来保障电线路的安全；总开关若采用带漏电保护的空开，则使供电系统具有触电保护的功能。当空气开关因故断开电路后，用户应先找出断电原因，排除故障后，再行合闸。切不可强行合闸，甚至用机械方法顶合，否则会造成重大的安全事故。另外，家庭电路安装或抢修时也需切断总开关以保障检修者的人身安全。

不难理解，总开关的规格应根据家庭用电总负荷来加以确认。

（5）分开关

分开关可以控制各分支电路的通断，分开关应和被控制的用电器相串联，而且必须串接在火线中。因插座、厨房、卫生间等支路容易产生电源漏电或人为触电现象，为保障用户人身安全，以上 3 条支路应选择带漏电保护的空气开关。当然，带漏保的空气开关在价格上要高于一般空开，但人命关天，这个钱不能节省。有的用户为省钱采用总开关带漏保方式，这样家里任一支路漏电都会使全家黑火，笔者认为不好。

3．分支电路

（1）厨房支路

厨房应有两条不同功能的线路，一是照明线路，二是电源插座。下面主要对插座支路进行说明。

① 为了安全起见，厨房的开关、插座要避免安装在煤气灶周围。厨房电器插头一般不要经常插拔。油污含有酸性物质并具有导电性，经常插拔，易沾染油污，不仅会腐蚀插头、插座铜件，而且会降低开关插座的绝缘性能，使用五孔插座往往用一半、空一半，油污易侵入，因此，厨房插座使用带开关的二孔或三孔插座为好。也有电工推荐使用带防护门的五孔插座，既可减少插座数，又可防油烟侵入，笔者认为甚好。

② 应在厨房不同位置预留电源插座。操作台位置预留出两个以上的插座，以供厨房小家电的使用。为方便厨房设备使用，电源接口距地不得低于 50cm，避免因潮湿造成漏电。厨房照明灯光的开关，最好安装在厨房门的外侧。

③ 厨房支路的插座配置如表 1-1-1 所示，此表仅供参考。

表 1-1-1 厨房支路的插座配置

编　号	插座负载	规　格	编　号	插座负载	规　格
1	电冰箱	三极 10A	3	电烤箱	三极 16A
2	消毒柜	三极 10A	4	微波炉	带开关、三极 16A

续表

编　号	插座负载	规　格	编　号	插座负载	规　格
5	电饭煲	带开关、三极 10A	7	电磁炉	带开关、三极 16A
6	抽油烟机	带开关、三极 10A	8	食品加工机＋备用	带开关五孔、10A

需要提出的是，插座的个数多，会给施工布线带来较大工作量，因此，采用一些组合插座（如图 1-1-5 所示）也是常规的做法。

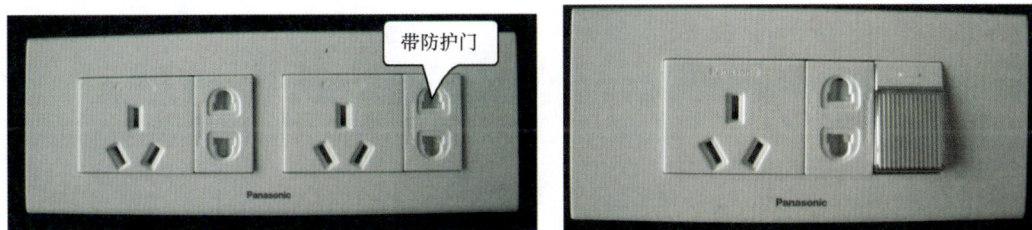

图 1-1-5　组合插座

至于说哪一种方式好，这可能要决定于厨房的大小和业主的喜好。

（2）卫生间支路

① 卫生间用电要考虑防水问题。

首先要考虑电热水器、浴霸的电源插座要远离溅水区（或置于墙外侧），插座面板上要安装防溅水盒，这样能有效防止因水汽侵入而引起的短路。

另外，室内照明开关及镜前灯开关应放在门外侧为好。若安装电话分机，那么电话接口也应选防水型接口。

② 卫生间支路的空开带漏电保护为好。

为保证洗澡人的人身安全，卫生间支路必须加装漏电保护装置，同时地线要可靠接地。

③ 为改善卫生间的空气质量，应安装一个换气扇或使用带换气功能的浴霸。

④ 卫生间支路的插座配置如表 1-1-2 所示。

表 1-1-2　　　　　　　　　　卫生间支路的插座配置

编　号	插座负载	规　格	编　号	插座负载	规　格
1	镜前灯	用开关控制	4	热水器	三孔 16A 带开关
2	电吹风	三孔 10A	5	洗衣机	三孔 10A 带开关
3	浴霸	三孔 16A	6	换气扇	二孔 10A 或用开关控制

（3）照明支路

照明支路包括家庭所有室内外固定式的照明灯具。其中包括吊灯、吸顶灯、壁灯、吊扇等相关灯具和用电器，将所有灯具的功率相加一般都在 1 000W 之内，换算成电流也就在 4A 左右。《建筑照明设计标准》GB 50034—2004 中规定："每一照明单相支路控制电流不宜大于 16A，所接光源数不宜超过 25 个；照明支路干线和分支线应采用铜芯绝缘电线或电缆，支路干线截面积不小于 $1.5mm^2$，接每个灯头线截面不小于 $1.0mm^2$，实际设计时每户照明为一路，由 10A 空气开关控制，其干线截面用 $2.5mm^2$，接每个灯头线截面用 $1.5mm^2$。"

（4）插座支路

现代住宅中插座的选型、布置位置、数量和安装高度都直接关系到住户今后的使用是否方便，因此必须仔细斟酌。根据建筑平面图，合理布置当为首要，同时亦应考虑将来的家庭布局的调整。

例如，客厅插座布置有如下考虑。

客厅是人们会客、看电视、起居活动的中心，常见的家用电器有：电视、DVD、电话、饮水机……根据客厅家具布置，选中一面墙（人们称之为沙发墙），将各种插座位置首先固定下来。

电视墙应用的插座多为二孔，是分别单设还是采用五孔插座或多位二孔插座，许多电工都有自己的看法。

最后需强调的是，室内线路每一分路总容量不宜超过 3 000W，每一单相回路的负荷电流应控制在适当范围，空调等家庭用电器必须设置专线。

4．低压断路器（家用空气开关）

低压断路器在家庭供电中作总电源保护开关或分支线保护开关用。它集控制和保护功能于一体。当线路发生短路、过载、失压等故障时，空开能及时切断电源电路，从而保证线路的安全。

由于断路器在故障处理后一般不需要更换零部件便可重新恢复供电的优点，使得它得到广泛的应用。尤其在建筑电气上，现在已经全部使用断路器。目前家庭使用 DZ 系列（塑料外壳式）的空气开关，有 1P、2P、3P、4P 这 4 种类型，所谓的 P（Pole），中文解释为"极"，每一类型又有多种规格。

（1）4 种空开的应用

① 1P 空开的应用

1P 用于 1 根火线的开、闭控制，如图 1-1-6 所示。

② 2P 的应用

2P 用于 1 火 1 零的开、闭控制，一般作为～ 220V 电源总开关使用，如图 1-1-7 所示。

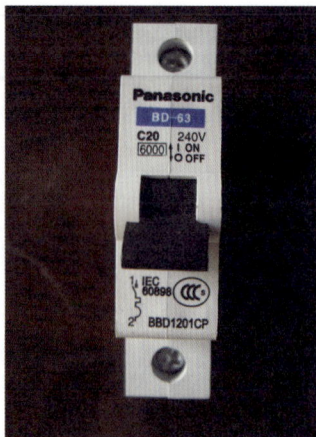
图 1-1-6　1P 空开

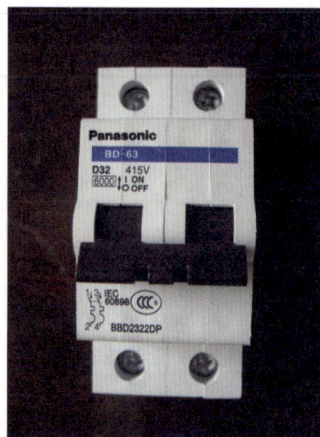
图 1-1-7　2P 空开

③　3P 的应用

3P 用于 3 根相线的开、闭控制，如图 1-1-8 所示。3P 空开一般用于三相负载。一般家庭只有单相电源进户，因此一般不会使用此种类型产品。

④　4P 的应用

4P 用于 3 火 1 零的开、闭控制，如图 1-1-9 所示。4P 空开通常是用于三相四线制电源总开关。

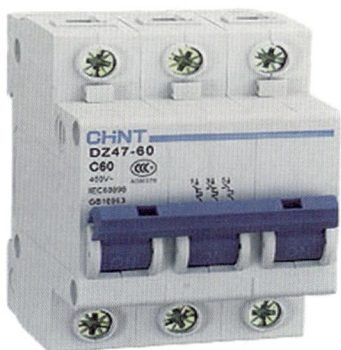

图 1-1-8　3P 空开

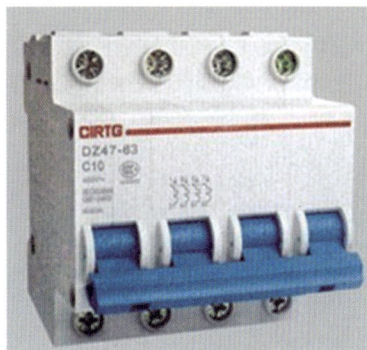

图 1-1-9　4P 空开

对于家庭而言，主要是使用 1P 和 2P 类空开。

（2）低压断路器的主要技术参数

为起到保护作用，低压断路器的保护特性必须与被保护线路及设备的允许过载特性相匹配。厂家为了方便用户选择的需要，一般都把其主要参数印制在产品表面，下面按图 1-1-10 中数字标注的顺序解释如下。

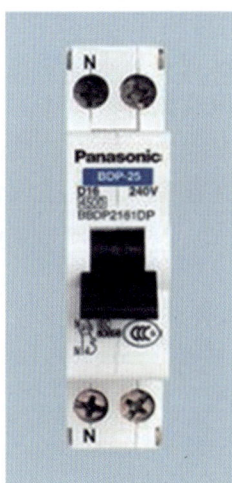

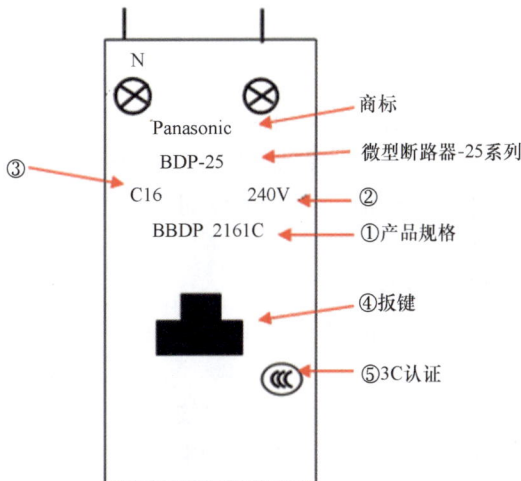

图 1-1-10　低压断路器的技术参数

① 产品规格（BBDP 2161C）

BBD：断路器；P：微型；2：2P；16：额定电流 16A；1：防护电极数量；C：C 型脱扣特性。

② 240V

240V 指断路器的额定工作值，是说明本产品断路器工作电压不能超过 240V。

③ C16

C：C 型脱扣特性；16：额定工作电流为 16A。

家庭用空开有如下一些规格：C10、C16、C25、C32、C40、C63。其中，C 表示断路器脱扣特性。所谓的额定工作电流即空开跳断电流值。例如 C10，表示当回路电流达到 10A 时，空开跳闸；C40，则表示当回路电流达到 40A 时，空开跳闸。还有，为了确保安全可靠，空开的额定工作电流一般应大于 2 倍所需的最大负荷电流；为以后家庭的用电需求留有余量，即应该考虑到以后用电负荷增加的可能性。

断路器有 B 型、C 型、D 型 3 种脱扣特性，即 B、C、D 有不同的过载曲线和启动速度，家用空开一般选 C 型。

④ 扳键

正常工作时，扳键向上接通电路，在电路发生严重的过载、短路以及欠电压等故障时自动切断电路（扳键被弹下），待故障处理完毕后，需人工向上扳动合闸，恢复正常工作状态。

⑤ 3C 认证

3C 认证是国家对强制性产品认证使用的统一标志。

（3）关于低压断路器的质量

低压断路器是一种过载及短路保护器件，其安全性要求较高，它的质量优劣直接关系到保证家庭正常用电及其家庭用电安全。

市场上家用低压断路器价格悬殊，笔者提醒读者对于开关、插座、插头、空开、灯泡之类的用电器件绝不可贪图便宜。否则，时间一长，劣等的器材一定会给你生活上带来不便。

对于空开而言，产品质量主要体现在阻燃、温升、脱扣特性等安全性指标上。例如，空开工作时温升过高且阻燃特性差会引发火灾，当电流超过规定要求，脱扣无法自动脱开切断电流的产品会容易损坏电器设备，更严重的是会对电线路造成危害。若空开过于灵敏又会频繁脱扣，造成频繁断电的烦恼⋯⋯对于一般用户而言，没有检测空开参数的条件，但是选择品牌产品、选择合理的品种，请专家合理推荐空开的类型应该是可行的措施。

5．漏电保护断路器

人体意外接触带电体，被称为触电。触电有以下两种基本类型。

① 直接触电

例一：不停电检修电器时，误碰火线。

例二：不懂事的小孩用手指触摸带电插座。

人们对直接触电通常采取的措施是绝缘木梯、绝缘鞋和安全插座等。

② 间接触电

例一：台式或立式电风扇的金属防护网本该不带电，但由于内部火线碰壳而带电，人们又碰触外壳而导致触电。

例二：浴室喷水造成电器设备外壳带电导致触电。

人们对于间接接触保护一般采取保护接地措施，如图 1-1-11 所示。

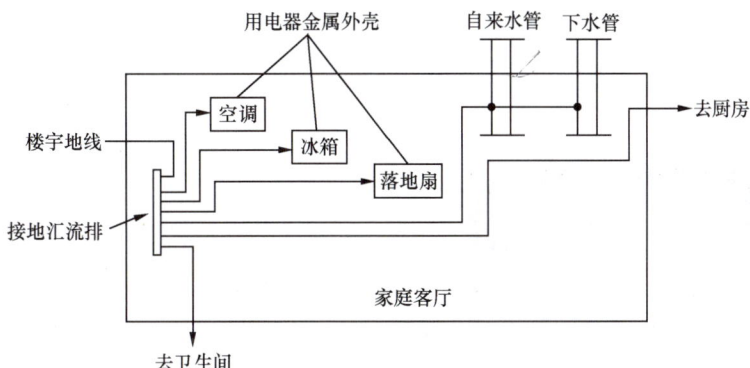

图 1-1-11　间接触电防护

在建筑物内作总等电位连接，将楼宇地线（PE 线）和本房间内电器装备的金属外壳及其外导电部分相互联通，从而在本建筑内形成同一电位（0 电位）的区域，那么间接触电事故就不会发生。

漏电断路器就是为直接触电设计的。当有人不慎触电或电路泄漏电流超过规定值时，漏电断路器能在极短的时间内自动切断电源，从而保障人身安全和避免事故的发生。

（1）漏电保护断路器工作原理

下面以单相漏电保护断路器为例，简述其工作原理。

由图 1-1-12 可知，将电源线全部穿过电流互感器磁芯。当电路无漏电时，电源线流进的 i_1 和流出的 i_3 电流一样，但方向相反，故合成电流为 0，因此，不会在互感器的次级线圈感生电压。一旦电路对地漏电 i_2，则返回的电流 i_3 必然小于流进的 i_1 电流，则次级将有感生电压 u，漏电开关内部的电子电路对这感生电压进行比较，当大于一定值，就会启动脱扣机构，断开开关。往往把 $i_1 \sim i_3$ 的差值称为剩余电流，把启动脱扣机构断开开关时的剩余电流称为额定剩余动作电流。

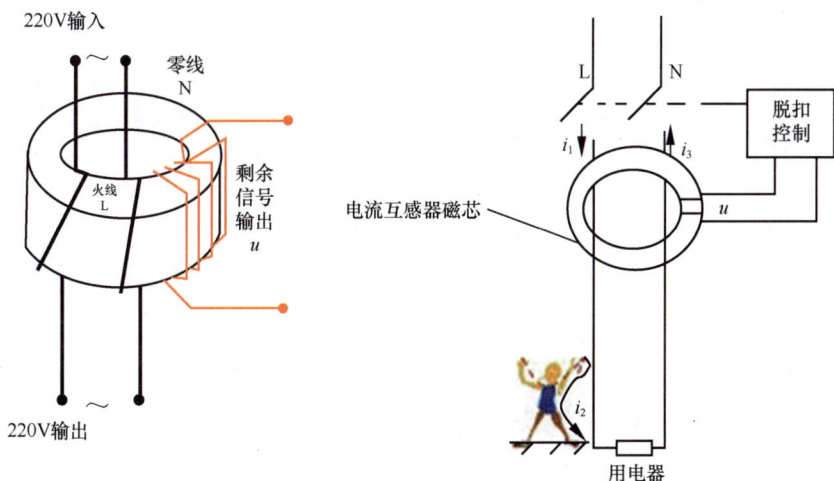

图 1-1-12　漏电保护断路器工作原理

2P 漏电保护断路器实物如图 1-1-13 所示。

（2）漏电保护断路器型号

家用漏电保护断路器型号的含义如图 1-1-14 所示。

漏电保护断路器的主要规格如下。

按额定电流分：6A、10A、16A、20A、25A、32A。此值与空开的额定脱扣电流的意义一致。

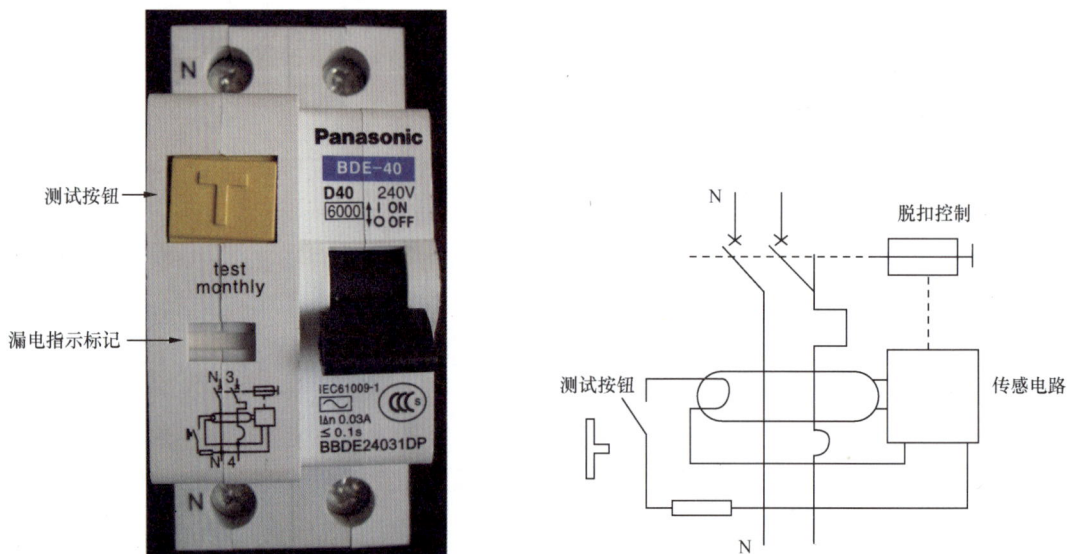

图 1-1-13　2P 漏电保护断路器

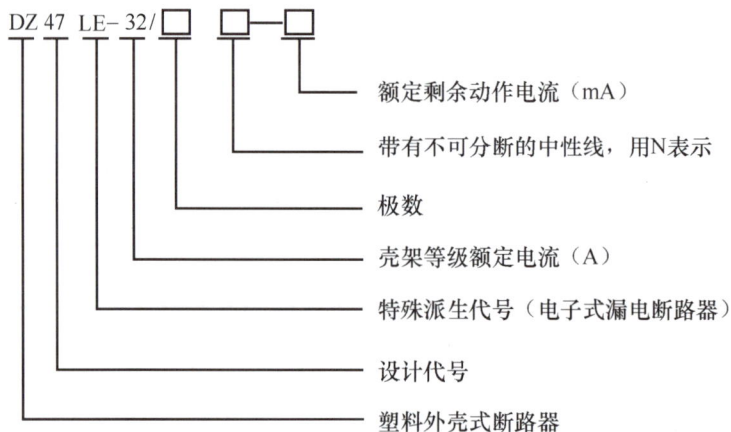

图 1-1-14　家用漏电保护断路器型号

按额定剩余动作电流分：35mA、50mA，电流越小电路越灵敏。

下面再以规格为 BDPE-25 为例对漏电保护断路器的参数作进一步的解释，其实物如图 1-1-15 所示，参数表及其说明如表 1-1-3 所示。

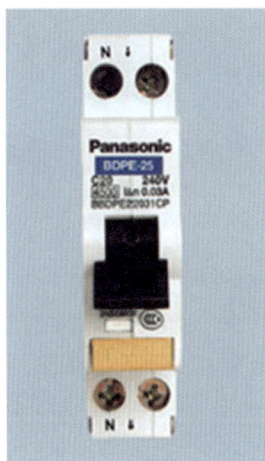

（a）BDPE-25实物图　　　　　　（b）BDPE-25面板示意

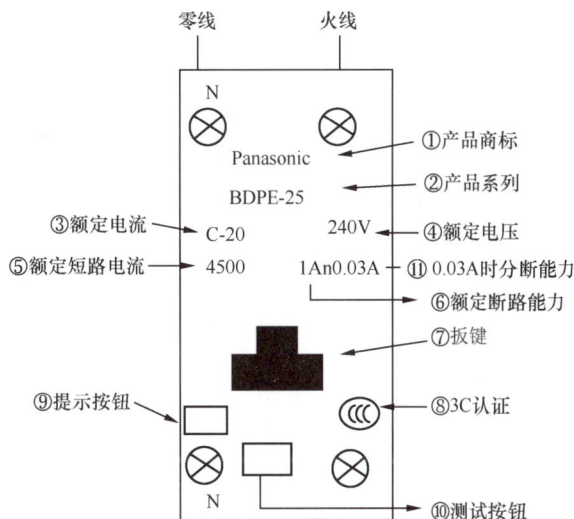

图 1-1-15　BDPE-25 漏电断路器

表 1-1-3　　　　　　　　　　BDPE-25 漏电断路器参数表

规　格		BDPE-25	
级数		2P1E	
类型		C	D
额定电流	6A	BBDPE20631CP	BBDPE20631DP
	10A	BBDPE21031CP	BBDPE21031DP
	16A	BBDPE21631CP	BBDPE21631DP
	20A	BBDPE22031CP	BBDPE22031DP
	25A	BBDPE22531CP	BBDPE22531DP
额定电压		～ 240V	
许用电压范围		187 ～ 264V	
额定短路电流		4 500A	
额定剩余动作电流　⑪		0.03A	
额定剩余不动作电流　⑬		0.015A	
剩余电流动作时的分断时间　⑫		0.1s 以内	
重量		0.11kg	

BDPE-25 参数解释如下［按图 1-1-15（b）标示的数字顺序］。

① 产品商标：松下电器。

② 产品系列：BD——断路器，P——微型，E——漏电保护，25——产品系列。

③ 额定电流：20A。

④ 额定电压：240V。

⑤ 额定短路电流：4 500A。

⑥ 额定断路能力：在保证断路器不受任何损坏的前提下，能分断的最大短路电流值。

⑦ 扳键：同低压断路器。

⑧ 3C 认证：同低压断路器。

⑨ 提示按钮：此处弹出，证明已发生了漏电事故。

⑩ 测试按钮：测试产品是否具备漏电保护的功能。按下此按钮，通过内部电路制造了漏电条件（参见图 1-1-13），相当于电路有漏电情况发生，此时应跳闸。如果不能断电，则说明该产品不具有漏电保护的功能，必须更换。需要说明的是家用漏电保护器在动作后需要手动复位后才能送上电。

⑪ 额定剩余动作电流 0.03A（30mA）

额定剩余动作电流，即漏电电流值达到 0.03A（30mA）时，漏电保护器会产生保护动作。

这是漏电保护器一个重要的参数，当家中电气设备或线路漏电电流达到某一规定值时，漏电保护器必须可靠断开电路，来保护住户的安全。

目前的漏电保护器漏电电流的规格有：6mA、10mA、30mA、50mA、100mA 等。一般情况下，家用漏电保护应选择漏电电流为 30mA 的高灵敏度型的漏电保护器。漏电动作电流值在 50mA 以上的低灵敏度型漏电保护器不能有效地保证住户的安全。

⑫ 剩余电流动作时的分断时间

参数表中有动作分断时间一项，简介如下。动作分断时间是从漏电保护器施加漏电动作电流开始到被保护的电路被切断电源为止。不难理解，漏电动作分断时间的长短与人们人身安全关联度很大。经过科学家的研究，认为在通过人体电流为 30mA 时，通电时间若小于 0.1s 切断电流，那么人是可以得救的，如果超过此值才切断电流，那么就会对人造成伤害。

⑬ 额定剩余不动作电流

表 1-1-3 中中还有一项"额定剩余不动作电流"为 0.015A。额定剩余不动作电流的定义为：当漏电电流小于 0.015A 时，漏电保护器不动作。

家用漏电保护器在电路中出现规定值的漏电电流时应该保证正常动作，也应该在故障电流没有达到规定值，保证不动作。但是任何电器及其连接导线的绝缘值不可能无穷大，即供电线路和用电设备都具有正常的泄漏电流。如果将家用漏电保护器的断路启动值小于线路正常的泄漏电流，那么供电线路就无法保证正常工作。

额定剩余不动作电流参数就是为了避免断路器过于灵敏而设置的。

6. 隔离开关

隔离开关类似传统的闸刀开关，如图 1-1-16 所示，没有防止过流、短路功能。简单地讲，隔离开关和家用灯具的普通开关类似，只不过工作电流大得多，隔离开关常作为一般的电源开关使用。和空开一样，隔离开关也有 1P、2P、3P、4P 这 4 种基本类型，其实物如图 1-1-17 所示。

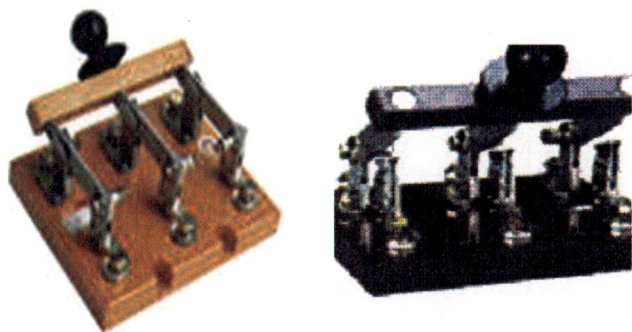

图 1-1-16　闸刀开关（传统断路器）

图 1-1-17　隔离开关

7. 断路器与连接导线

断路器在家庭供电中作总电源保护开关或分支线保护开关用，因此，对断路器的额定电流选择尤为重要。若断路器的额定电流的选择偏小，则断路器会频繁跳闸，引起不必要的停电；若选择过大，则达不到预期的保护效果。

需要特别强调的是，空开的额定电流与相连的供电线路的线径大小要相适应。例如，电路导线线径为 $1.5mm^2$，而空开额定电流为 60A。那么，当线路电流达到 60A 时切断电路，线路早已不堪大电流发热而严重损坏了。

表 1-1-4 列出一组应用数据，供读者参考。

表 1-1-4　　　　　　　　　　空开与连接铜导线关系

空开额定电流（A）	铜导线截面积（mm²）	空开额定电流（A）	铜导线截面积（mm²）
1～6	1	32	6
10	1.5	40	10
10.2	2.5	60	16
25	4		

8. 住宅强电应用方案

某电气公司提出的住宅强电应用方案照录如图 1-1-18、图 1-1-19 所示，仅供用户参考。

图 1-1-18 方案将易产生漏电部位和产生漏电后果严重的部位共同使用一个保护器，相对为经济型方案。

图 1-1-19 方案对易产生漏电部位和产生漏电后果严重的部位分别设保护器，是一个更强调安全的方案。

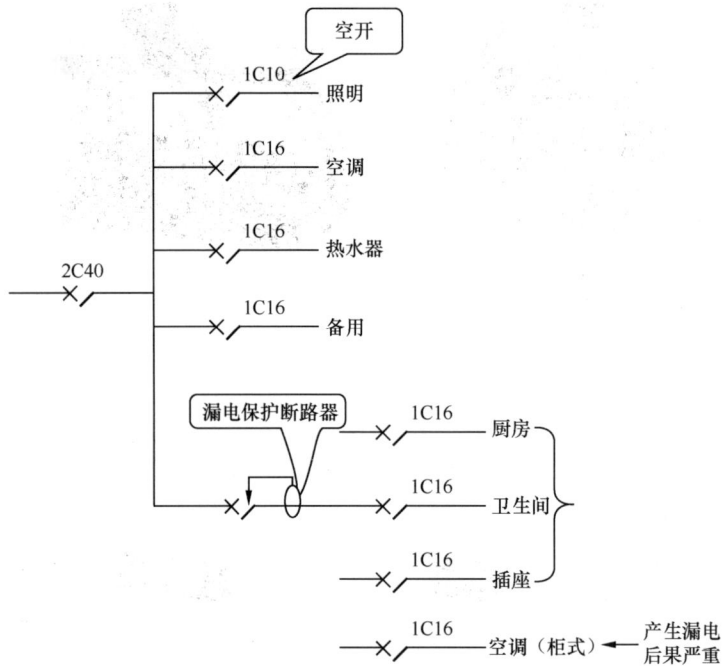

图 1-1-18　100m² 住宅方案一

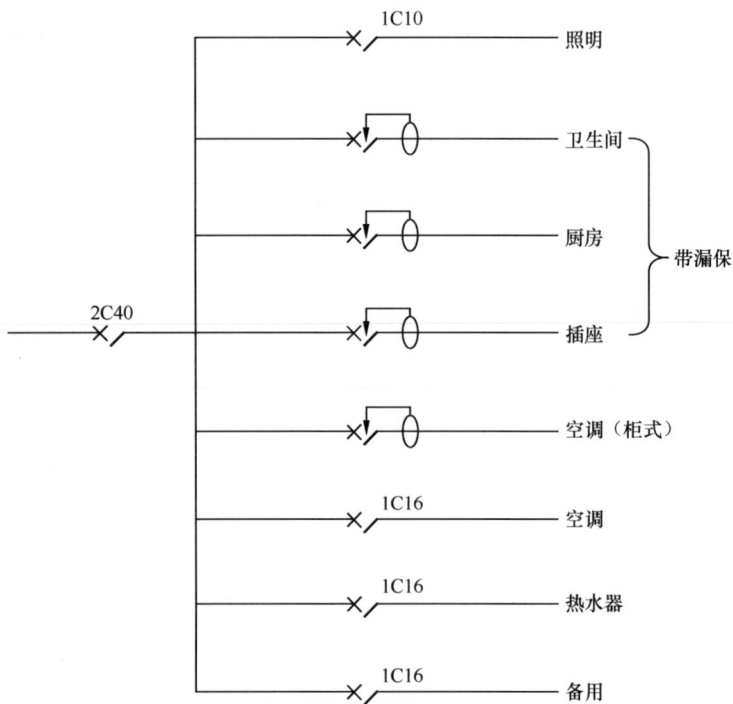

图 1-1-19　100m² 住宅方案二

第二节　家庭用电负荷

据有关资料显示，20 世纪 70 年代前住宅按 2W/1m² 的供电标准设计供电器材，二居室用电量一般不超过 110W；在 20 世纪 80 年代，住宅按 10 W/1m² 设计供电器材，二居室用电量不超过 550W；在 20 世纪 90 年代，住宅按 25 W/1m² 设计供电器材，二居室用电量不超过 1 400W。而如今，一台电磁炉的功率都超过了 1 400W。由上可知，住宅楼按照所建年代不同，供电容量也不同。目前，由于家庭用电量的不断增加，已大大地超过了早年修建住宅导线和开关电器的设计范围。如今，对于老住宅而言，用电线路不堪负荷、绝缘老化是一极其普遍的现象，极易引发火灾。因此，每当家里增添新家电时，老住宅用户都要想一想家里用电线路能否承受得了。

现在有些用户认为把空开和电表增容，就可以解决家庭用电量的增容，这是极其错误的认识。需要明确的提出，增容关键在于增大供电导线的线径。

对于新住宅用户，在装修之前一定要搞清楚家里现在和将来要使用哪些电器？每种电器的电功率大约是多少？一般而言，随着人们生活水平的提高，家庭的用电负荷都在逐年增加，但要明白家庭供电能力（包括电线路、电表等）的大小不是能随意增加的，因此，当某一家庭装修新房时，应有一定的前瞻性。下面对主要的家用电器的负荷及其参数作一简介，供读者参考。

1．空调器

家用空调器有挂式、柜式和窗式 3 类，如图 1-2-1 所示。

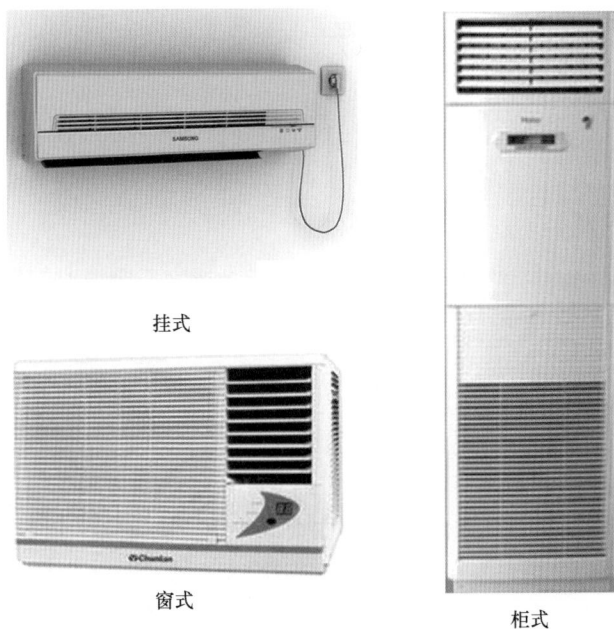

挂式

窗式

柜式

图 1-2-1　家用空调器

其中，柜式空调器功率较大，一般都在 2P（匹）以上，适用于客厅，挂式和窗式功率较小，有 1P、1.25P、1.5P 多种规格可供选择。

空调器的选择有很多学问，下面以某 2P 柜机为例对其电参数（如表 1-2-1 所示）作一简要的说明。

表 1-2-1   空调器的电参数

类型	输出功率（W）		输入功率（W）		最大输入功率（W）		额定电流（A）		最大输入电流（A）		辅助加热
	制冷	制热	制冷	制热	制冷	制热	制冷	制热	制冷	制热	制热
定频空调	4 350	4 500	1 700	1 700	2 600	2 250	8	8	12.3	10.5	1 000W 4.55A

（1）输出功率

输出功率指空调器单位小时内的制冷或制热的能力，往往用"匹"来量化。1P 的制冷量约为 2 000 大卡，换算为（W）要乘以 1.162 的系数。例如，1.5P 空调器的制冷量为 2 000 大卡 ×1.5×1.162=3 486（W）。由于工厂产品的多样性，1P 机就有小 1P、正 1P、大 1P 之分，故而一般制冷量在 2 200 ～ 2 600W 之间的都称为 1P 机，3 200 ～ 3 600W 之间的可称为 1.5P 机，4 500 ～ 5 100W 之间的可称为 2P 机。

空调机输出功率的意义（以制冷为例）如下。

空调器的制冷能力往往用制冷量 /m^2（W/m^2）来表示，空调器的制冷实际效果与房间的朝向有很大的关联。为保证空调器达到有效的调节作用，空调器的制冷量 /m^2 应达到如下要求（参考数据）。

朝北 100 W/m^2，朝东 150 W/m^2，朝南 180 W/m^2，朝西 280W/m^2。当然，家庭房间的大小还是选择空调机输出功率的主要依据。一般而言，1 匹（1P）机适用 11 ～ 17m^2，1.25P：18 ～ 23m^2，1.5P：18 ～ 25m^2，2P：25 ～ 33m^2，3P：40 ～ 45m^2，以上的仅为一种大致的估计，用户还需根据家庭房间的朝向、楼层及其他因素综合考虑。另外，民间也有经验公式：

空调的制冷量 =220W× 制冷面积，再适当根据其他因素进行调整。

（2）输入功率

输入功率指空调器的单位小时的耗电量。例如，输入功率为 1 700W 的意义是每使用一个小时，该空调器就要耗电 1.7 度。

（3）最大输入功率

最大输入功率是指空调器的输入功率的极致。它远远大于空调器正常工作时的输入功率。

（4）额定电流

额定电流指空调器平均工作电流，它等于输入功率 /220V。

（5）最大输入电流

最大输入电流指开机启动时的输入电流值，它远大于额定电流。

（6）辅助电热参数

若制热时选择了辅助电热功能，则应在加热输入功率的基础上再加上辅助电热需消耗的功率，作为设计电线路和选择空开时的参考。

2．电热水器

现在家用热水器是一多元化的态势，有燃气热水器、太阳能热水器和电热水器之分，其实物如图 1-2-2 所示。

其中，燃气热水器加热速度快、温度调节方便、可供多人连续洗澡。若用于厨房，冬天可以随时用热水洗菜、做饭，十分方便。

燃气热水器有 5L、7L、8L、10L 等多种规格，这个数字系指在 1min 内将水温加热至 25℃时所产生的热水量。经过多年的研究和改进，对于停电、熄火、漏电、漏气、干烧、过热、缺氧等一系列的问题在技术上都有具体的应对，应该说十分安全，但时而有些操作不当形成事故的消息，使人们多少有点担心。

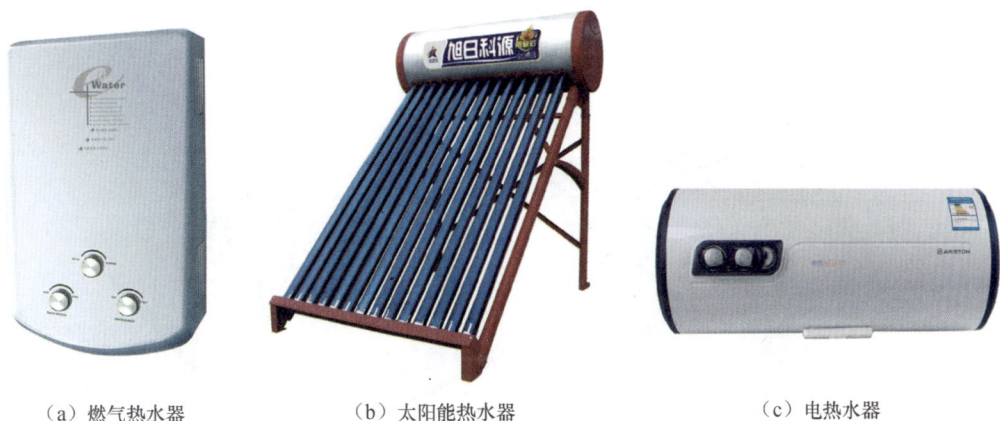

（a）燃气热水器　　　　（b）太阳能热水器　　　　（c）电热水器

图 1-2-2　热水器

太阳能热水器，在低碳时代的今天其节能概念已得到广泛的认可。太阳能热水器的使用寿命长，没有意外的话，一般可用长达 10 年之久。太阳能热水器价格高，初期投资较大，但安装好之后，基本就不花钱了，仅在阴冷的冬天使用辅助电加热装置有一点耗能。其环保、省钱的优点十分突出。但是，太阳能热水器体积大，对安装的位置有所要求。在城市里一般只有居住在楼房顶层的人们才有安装条件。另外，太阳能热水器经过长时间使用后，在内管壁上，热水出口等部位都会结垢，由于水垢的存在，会影响太阳能热水器的正常使用，若用户感觉太阳能效果不好时，需请专业人员清垢。

相对以上两种热水器，电热水器由于安装简单、操作方便、受制约的条件少，故而受到了许多用户的青睐。

但一般电热水器使用前需预热，特别在冬季加热时间长达几个小时，使用起来十分不方便。另外，电热水器结垢现象严重，每年都需请专业人员除垢。电热水器用电加热，与电有关就涉及了用电安全，因此，使用电热水器的用户必须重视两个最基本的防范措施，一是把电热水器金属外壳可靠接地，二是其支路开关要用带漏电保护器的空气开关。为了克服电热水器加热时间过长的缺点，现在市场上出现了即热式电热水器。这种热水器即开即热，非常方便，但是其耗电功率极大，一般都在 6 ～ 8kW，对家庭的电线路和开关都有很高的要求，购买前，用户需要仔细分析一下家庭的电线路能否承受。下面以某电热水器为例对电热水器有关参数作一简介（如表 1-2-2 所示）。

表 1-2-2　　　　　　　　　　　　某电热水器有关参数

机型 项目	SHE-4077X	SHE-6077X	SHE-8077X	SHE-1077X
产品分类造型	圆桶型			
额定电压	220V ～ 50Hz			
额定容量（L）	40	60	80	100
额定输入功率	1 000W/1 500W/2 500W			
额定电流	4.6A/6.8A/11.4A			

由表 1-2-2 可知，该机有 1 000W、1 500W、2 500W 这 3 挡功率可调，因此，考虑电线路和选择空开时应以最大功率 2 500W 为准，此时最大额定电流为 11.4A。

3．电磁炉

电磁炉是一种将电能转换为热能的烹饪器具，两款实物如图 1-2-3 所示。

图 1-2-3　电磁炉

目前，投放市场的电磁炉功率均在 1 000 ～ 2 400W 之间，并分成若干挡，以适应不同火力的烹饪需求。

选购的电磁炉应具有多种保护装置，这对于有老人的家庭尤为必要。例如，过热自动停机保护、过压或欠压自动停机保护、空烧自动停止加热保护等。选购时，应按《使用说明书》有关检测方法，通电试机。

电磁炉可设带开关的二孔或三孔插座（16A），并以最高功率 2 400W（约 11A 电流）来选择插头及连接线，同时在供电线路及选择空气开关时要充分考虑这些因素。

4．微波炉

微波炉是一种用微波加热食品的灶具。

微波炉在使用中要注意以下几点：① 忌用普通塑料容器；② 忌用金属器皿；③ 忌用封闭容器；④ 凡竹器、漆器等不耐热的容器，有凹凸状的玻璃制品，均不宜在微波炉中使用；⑤ 瓷质碟碗不能镶有金、银花边。微波炉应使用专门的微波炉器皿盛装食物进行加热。

某微波炉产品基本参数如下：

● 外观尺寸：450mm × 350mm × 290mm；

● 输入功率（W）：1 200 ～ 1 400W；

● 输出功率（W）：700 ～ 800W。

从上可以看出，微波炉有两个功率：一个是输入功率，另一个是输出功率。其中，输入功率是指微波炉的耗电功率，输出功率系指微波炉的加热功率。购买微波炉时应注意两种功率的差别，使用时应避免和其他大功率电器共同使用一个插座，防止插座过载。两款家用微波炉实物如图 1-2-4 所示。

5．浴霸

浴霸是一种光暖、风暖的取暖设备，解决了千家万户洗澡的问题。几种浴霸的实物如图 1-2-5 所示。

目前，市场上销售的浴霸按其发热原理可分为以下 3 种。

图 1-2-4 微波炉

灯暖浴霸　　　　　　　PTC（风暖）浴霸　　　　　　双暖流浴霸

图 1-2-5 几种浴霸

① 灯泡系列浴霸：以特制的红外线石英加热灯泡作为热源，取暖灯泡即红外线石英辐射灯，采用光暖辐射取暖。浴霸有 2 灯和 4 灯的，其每个取暖灯泡的功率都是 275W 左右，可单独控制功率，有 500W 和 1 100W 高低两挡。

② PTC（一种陶瓷电热元件）系列浴霸：以 PTC 陶瓷发热元件为热源。内部风机鼓动空气流动，冷空气从进风口进入后流经 PTC 加热元件，吹出去就成了暖风，通过不断循环来提高浴室温度。

③ 双暖流系列浴霸：采用远红外线辐射加热灯泡和 PTC 陶瓷发热元件联合加热。

选择浴霸时，用户应关注以下几个最基本的问题。

① 浴室面积与产品功率的选择：选购浴霸，要看其使用面积和浴霸的安装高度来确定，依笔者的经验，认为选择功率大但可以调节的浴霸更为实用。

② 防水功能：浴室用的电器防水功能是最重要的，浴霸及其开关是否防水涉及人身安全，万万不可粗心大意。因此，安装浴霸的电源配线必须是防水线，所有电源配线都要走塑料暗管镶在墙内，不允许有明线，浴霸电源控制开关（双极开关更佳）也必须是带防水 10A 以上容量的合格产品。

③ 选 3C 认证专业厂名牌产品。

④ 选择售后服务有保障的产品。

6. 其他家用电器用电负荷

表 1-2-3 所列是一般耗电的家用电器，由于每种电器都有多种规格，因此，表中数据仅供读者参考。

表 1-2-3　　　　　　　　　　家用电器用电负荷

序号	家用电器	额定功率	额定电流	序号	家用电器	额定功率	额定电流
1	电视机	250W	1.1A	4	电风扇	60W	0.3A
2	计算机	350W	1.6A	5	电熨斗	500W	2.3A
3	洗衣机	250W	1.1A	6	电饭煲	700W	3.2A

续表

序号	家用电器	额定功率	额定电流	序号	家用电器	额定功率	额定电流
7	微波炉	1 000W	4.5A	12	抽油烟机	330W	1.5A
8	电吹风	1 000W	4.5A	13	饮水机	100W	0.4A
9	音响	300W	1.3A	14	吸尘器	1 200W	5.4A
10	照明	500W	2.3A	15	浴霸	1 500W	6.8A
11	电磁炉	2 000W	9A	16	电暖器	2 000W	9A

第三节　家庭常用绝缘导线

在家庭照明装修中，需要购买什么种类、规格和数量的电线，是困扰业主一个不大不小的问题。对于设计者而言，重视安全、兼顾经济、面向未来应该是家用电线选择的基本思想。但家装毕竟还是要业主说了算，因此，在家装前，业主了解一些电线方面的常识，对于选购产品是有好处的。

1．常用绝缘导线的种类及用途

（1）常用绝缘导线的种类

绝缘导线种类极多，但家庭装修常用的主要有以下几种，具体说明如表 1-3-1 所示。

表 1-3-1　　　　　　　　　　　常用绝缘导线

导线型号	说　　明	图　　示	用　　途
BV	铜芯聚氯乙烯绝缘电线（硬）		常用规格有 $1.5mm^2$、$2.5mm^2$、$4mm^2$、$6mm^2$、$10mm^2$，主要用于家庭照明暗线布线，有不同颜色
BVV	铜芯聚氯乙烯绝缘护套电线（硬）		护套线是双层绝缘的一种导线，就是比 BV 多一层护套，主要用于明线施工，有 $0.75mm^2$、$1.0mm^2$、$1.5mm^2$、$2.5mm^2$、$4mm^2$、$6mm^2$、$10mm^2$ 几种规格
BVR	铜芯聚氯乙烯绝缘软护套电线		BVR 和 RV 从外形上看是相似的，其实它们各有不同的技术标准，它们的用途也不一样，RV 主要用于家用电器连接线，BVR 主要用于电机、配电柜配线
RV	铜芯聚氯乙烯绝缘软电线		仪表和电子设备内部接线。家庭主要用于移动式电路的连接，例如电扇的插头线。RV 比 BVR 更软

续表

导线型号	说　　明	图　　示	用　　途
RVS	铜芯聚氯乙烯绝缘绞线连接软电线	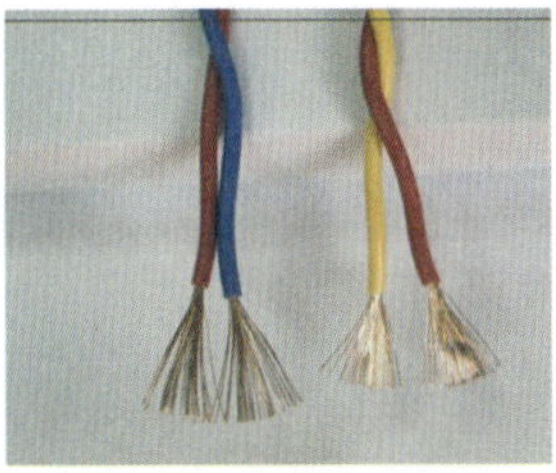	家用电器电源线（双绞线、花线），主要用于不移动电路的连接，例如灯头线
RVB	铜芯聚氯乙烯绝缘平行连接软电线	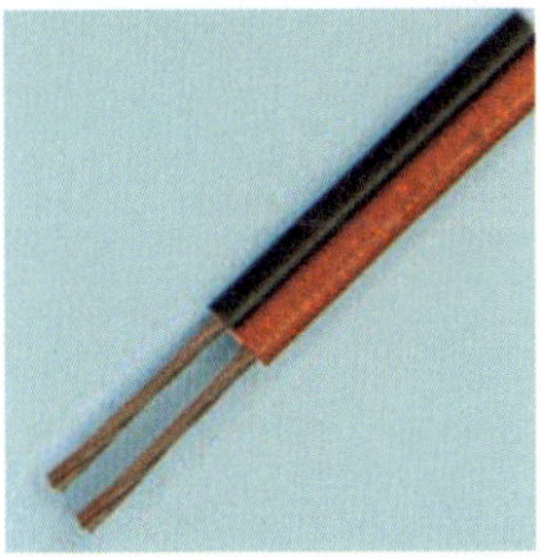	适用于交流额定电压 450/750V 及以下的家用电器、小型电动工具、仪器仪表及动力照明用装置连接
RVV	铜芯聚氯乙烯绝缘聚氯乙烯护套圆形连接软电线	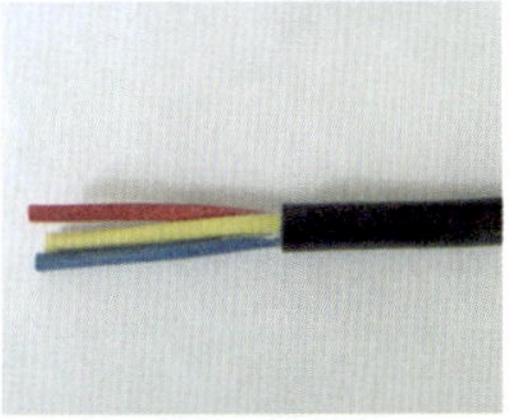	家用电器、小型电动工具、仪表及动力照明
RVVB	铜芯聚氯乙烯绝缘聚氯乙烯护套平行连接软电线	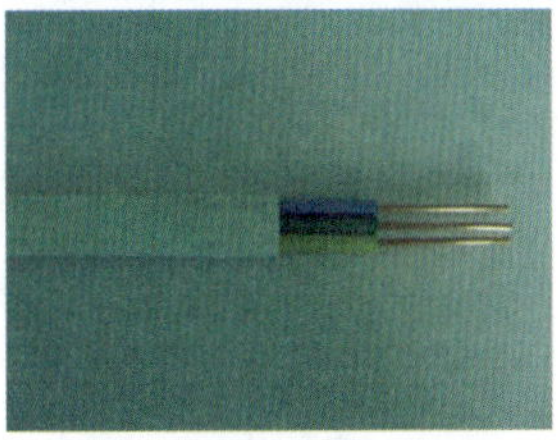	电源插头连接线
RVVP	铜芯聚氯乙烯绝缘屏蔽聚氯乙烯护套软电缆		适用于楼宇对讲、防盗报警、广播音响系统

（2）电线与电缆的说明

① 电线与电缆的区分

"电线"和"电缆"在概念上并没有严格的界限。一般认为：a. 单根电线叫"线"，多根电线组合叫"缆"；b. 把家用布电线叫做电线，把电力电缆简称电缆。

② 关于电线电缆命名

由于种类繁多，电线电缆的完整命名较为复杂，通常都是用字母符号的方式来表达其类型，下面简单罗列几种常用符号的意义，供读者参考。

A：安装用线缆

例如 AVR，即在 VR 前面冠以 A，该类产品适用于电子设备内部连接线。

B：系列归类属于布电线

V：聚氯乙烯绝缘（塑料）

R：软线（多股线）

VV：两层聚氯乙烯绝缘

L：铝芯

无 L：铜芯

S：双芯

X：橡胶皮

H：花线

例如，BXH：铜芯橡胶皮花线。

2．绝缘导线的安全载流量

导线的载流量就是指通过导线的电流大小。所谓的安全载流量则是指在最大允许连续负荷电流通过的情况下，导线发热不会超过导线所允许的温度。导线的安全载流量主要与导线的材质（铜或铝）、线径（粗或细）、工作环境温度（高或低）及铺设条件（穿管与不穿管）有关。

表 1-3-2 列出了 BV、BVV 铜芯电线的最大载流量，仅供读者参考。

表 1-3-2　　　　　　　　　　　　电线的载流量

截面积（mm²）	单芯允许载流量（A）	二芯允许载流量（A）	三芯允许载流量（A）
1	17	14	9.6
1.5	23	20	18
2.5	30	25	21
4	39	33	28
6	50	43	36
10	69	59	51

按导线的安全载流量选择导线的方法是专业的方法，由于家庭装修及使用过程中变数很多，一般电工难以掌握，从而有一种估算方法在家庭装修中十分流行，即根据负载电流的大小来选择导线的截面积。

$1mm^2$ 铜芯线允许长期负载电流为：$6 \sim 8A$。

$1.5 mm^2$ 铜芯线允许长期负载电流为：$8 \sim 15A$。

$2.5 mm^2$ 铜芯线允许长期负载电流为：$16 \sim 25A$。

$4 mm^2$ 铜芯线允许长期负载电流为：$25 \sim 32A$。

$6 mm^2$ 铜芯线允许长期负载电流为：$32 \sim 40A$。

3．关于家装的电线直径选择

按照新标准，住宅用户必须使用铜芯线。对于一般用户，一般采用进户线为 $6 \sim 10mm^2$，照明为 $1.5mm^2$，插座为 $2.5 mm^2$，空调为 $4 mm^2$，也有的采用照明为 $2.5 mm^2$，插座为 $4 mm^2$，空调为 $6 mm^2$。

应该说以上的设计是相当保守的，可以设想，随着你家生活水平的不断提高，电器产品的增加，家庭用电量会越来越大，若原有的电路不能承受，届时则很难处理。因此，根据家用电器的发展设计预测总功率，并保持一定的裕度，然后敷线，这才是合理安全的。例如，将灯线用 2.5mm²，空调用 6mm²，进户主干线用 10mm² 以上，短期来讲花一点小钱，长远看来也许是对的。

需要进一步说明的是：零线和火线是用电的回路线。当负载工作时，两线里流动的电流是同样大小的，故火线和零线的线径是同样的粗细。而地线是和电器的金属外壳相联的，与电路绝缘。因此，地线平时不带电，同时没有电流流动，它的任务是将电器外壳平时置于大地零电位来保证漏电或雷击时的触碰电器外壳人们的人身安全。因此，电路工作与其线径粗细关联不大，一般家装使用 2.5mm² 铜线足矣。

4. 关于家装的电线用量

对于家装电线的用量，目前没有现成的公式可以套用。因为每个家庭的住房面积、朝向不同，电工走线的方式不同，每个家庭的生活需求不同，都会产生不同的材料用量。装修业主可以提出要求让设计或施工人员进行估算，然后对设计图纸进行反复的讨论，最终根据实际走线情况来估算所需电线的类型和用量。对于家装电线的投资，笔者认为不要斤斤计较，没有一个智者能做到 1m 不差的设计，但若装修完了还剩几百米的线当然不是好事。根据经验两室一厅约需 700～900m，三室二厅约需 1 200～1 500m 各类导线，这仅是一个大致的估算，为避免较大的误差，建议业主可根据装修的进度分批及时购买。

5. 关于阻燃电线的选择

目前，大多数家庭装潢都采用木质地板和墙裙，由于施工不规范，往往在漂亮的装潢外表内部敷设着杂乱无章的电线，一旦短路或超载，极易引起火灾。因而家庭豪华装修及用电量大的家庭应考虑使用阻燃电线来保证安全。

所谓的阻燃电线，是指在规定实验条件下，试样被燃烧，在撤去试验火源后，火焰的蔓延仅在限定范围内，残焰在限定时间内能自行熄灭的电线。通俗地讲，阻燃电缆能够把燃烧限制在局部范围内，从而避免造成更大的损失。

6. 鉴别电线质量的方法

鉴别电线质量的方法如表 1-3-3 所示。

表 1-3-3　　　　　　　　　　鉴别电线质量的方法

鉴别项目	鉴别方法
看商品是否有合格证	正规厂家生产的电线，都会有合格证，合格证上的内容应包括：厂名厂址、认证编号、规格型号、电线长度、额定电压、生产日期等。而劣质产品的标签往往印刷不清或印制内容不全
看是否有认证标志	家用电线电缆是国家强制性认证的产品，所有生产企业必须取得中国质量认证中心（CQC）颁发的3"C"认证——中国强制认证。因此，购买电线电缆时可看电线电缆上是否有3"C"标志，如果没有3"C"标志的电线电缆建议不要购买
看塑料外皮	正规电线的塑料外皮软且平滑，颜色均匀。在其表面，也应印有产品合格证上的数项内容，如：长城标志、规格型号、厂名厂址等。同时，字迹必须清晰，不易擦掉，否则为仿制品
看铜芯颜色及铜芯的截面积	优等品紫铜颜色光亮、色泽柔和，铜芯黄中偏红，表明所用的铜材质量较好，而黄中发白或色泽偏黑都是劣等铜材的反映。同时应比较一下铜芯的面积是否确实
手感	用手指轻触铜芯的顶端，若硬度过大为劣等品，正品则相对柔和

续表

鉴别项目	鉴别方法
火烧	截取一段导线，用打火机火烧，若有明火为次品
看绝缘层	截取一段导线，看其线芯是否位于绝缘层的正中。芯线不居中的是由于工艺不高而造成的偏芯。若有条件的话可使用兆欧表测导线芯线和外皮的绝缘值来判断导线的绝缘性能，使用 500V 兆欧表测量值应大于 0.5MΩ
看电线长度	任选一卷电线，先数总圈数，再量一圈的长度，两个数相乘，得出来的数字就是实际的电线长度。正品是每卷 100m，否则为仿制品

7. 关于电线穿管的必要性

有的人在装修房子时图省事，把塑料绝缘导线或护套线直接埋入墙内，这样做给日后的安全埋下了隐患。其一，因为塑料绝缘导线长时间使用后，塑料会老化龟裂，绝缘水平大大降低，在此条件下，一旦墙体受潮，就会引起大面积漏电，危及人身安全。其二，塑料绝缘导线直接暗埋，也不利于线路检修和保养。所以家庭电路布线必须做穿管处理。

8. 强、弱电要分离布线

为保证计算机、电视、电话等弱电设备的正常工作，家庭强弱电要分离布线，所谓的分离，就是强、弱线不能同管敷设，强弱电布线要有一定的间隔。

9. PVC 管

PVC 阻燃电线管是近年兴起来的一种新型布线管。所谓的 PVC（Polyvinyl chloride）管是聚氯乙烯材料管的英文简称。由于 PVC 管耐腐蚀、防虫害，对穿在管中的电线、电话线、有线电视线路等起到良好的保护作用。另外，阻燃管由于其阻燃性好，当电线因过热起火时，它又能有效的阻燃，防止火灾的发生。

电线管的常规尺寸有直径 16mm、20mm、25mm 等几种。由于 PVC 管管径的不同，因此其常用配件的口径也不同，购买时应选择同口径的与之配套。根据布线的要求，管件的种类有：入盒接头、接头、管卡、分线盒等。PVC 管容易弯曲，只要在管内插入产品公司提供的弯管弹簧就可以在室温下人工弯曲成型。用专用黏合剂和有关附件，可以把 PVC 管连接成所需的形状。

鉴于各种配件的尺寸和数量很难把握，少了不够用，多了又会造成浪费。因此，装修时可以和供货商协调一下，采用多退少补的方法为好。

可以设想，电路布线为一隐蔽工程，倘若某一天某根电线出了问题，需把电线抽出来再换，如果 PVC 管中穿了许多的电线，电线根本拉不动，那时我们只能望洋兴叹。因此，PVC 管电线管内电线截面积不得超过电线管截面积的 40%。电工 PVC 电线管、配件及其布线应注意的一些问题如图 1-3-1 所示。

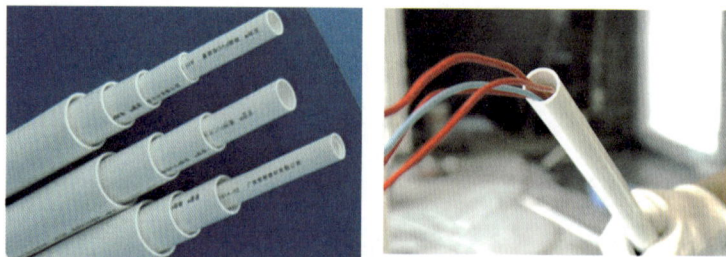

（a）PVC电线管

图 1-3-1　PVC 管槽、配件及其安装注意事项

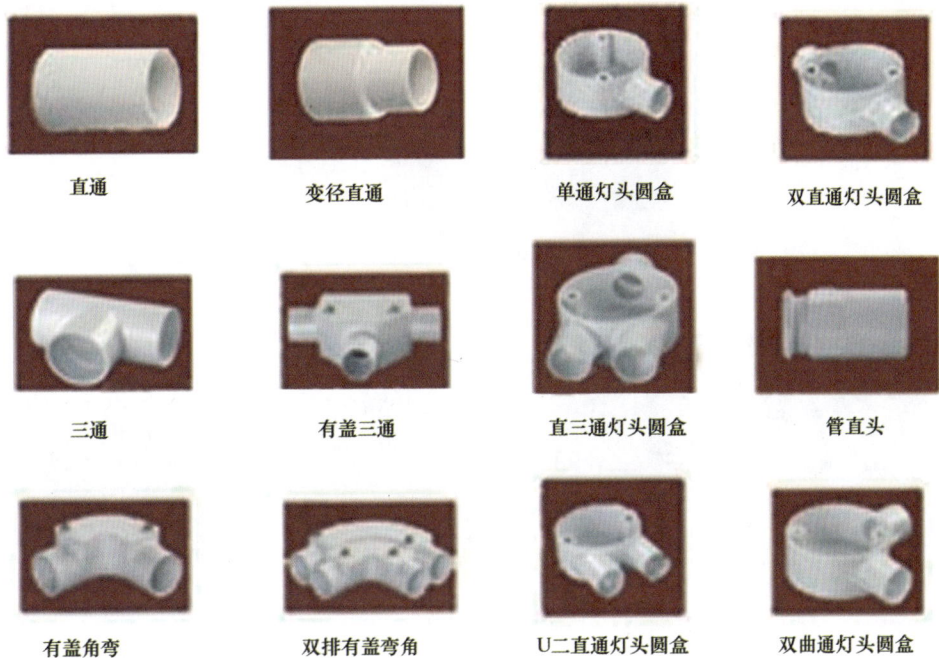

直通　　　变径直通　　　单通灯头圆盒　　　双直通灯头圆盒

三通　　　有盖三通　　　直三通灯头圆盒　　　管直头

有盖角弯　　　双排有盖弯角　　　U二直通灯头圆盒　　　双曲通灯头圆盒

（b）PCV电线管配件

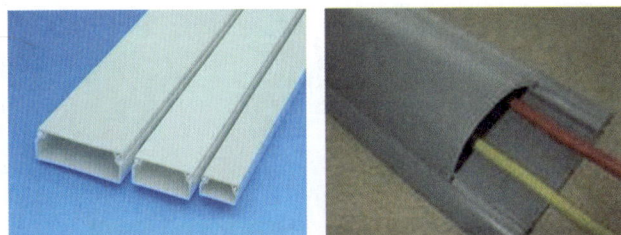

（c）PVC电线槽

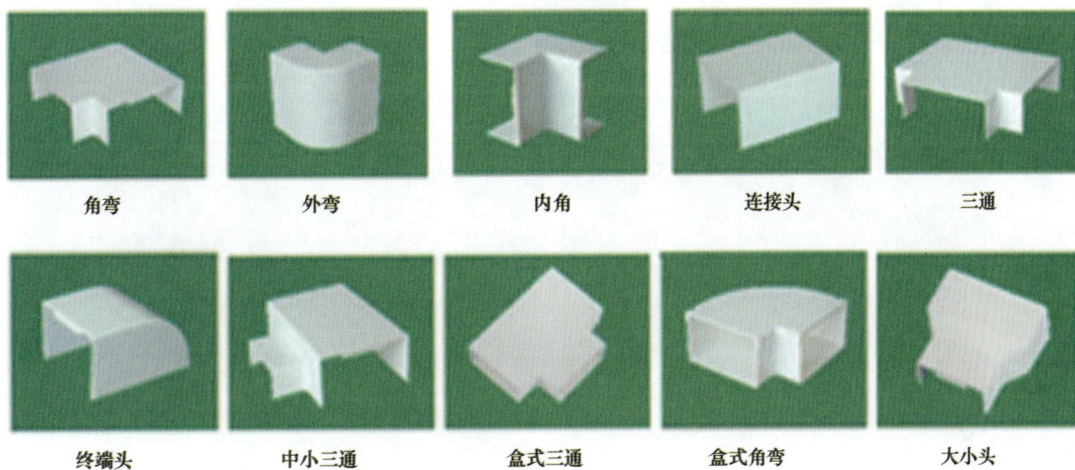

角弯　　　外弯　　　内角　　　连接头　　　三通

终端头　　　中小三通　　　盒式三通　　　盒式角弯　　　大小头

（d）PVC电线槽配件

图 1-3-1　PVC 管槽、配件及其安装注意事项（续）

（e）PVC穿管线（硬线）及胶粘剂

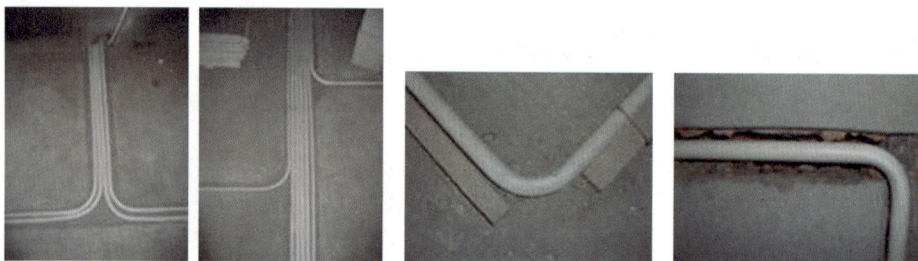

（f）避免直角布线

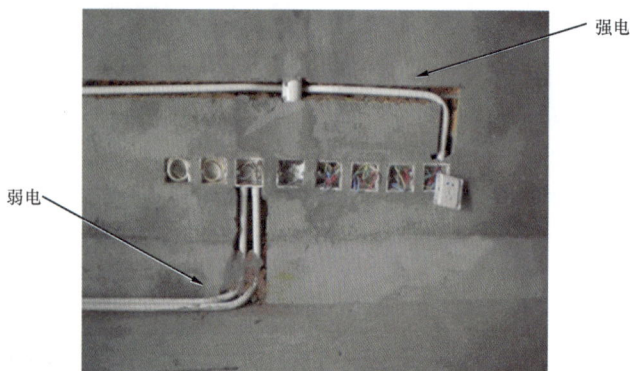

强电

弱电

（g）强、弱电分离

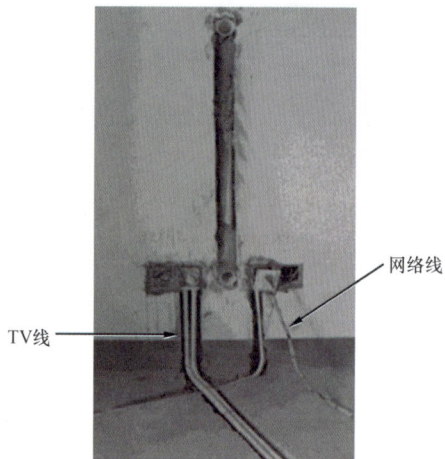

网络线

TV线

（h）TV线与网络线分离

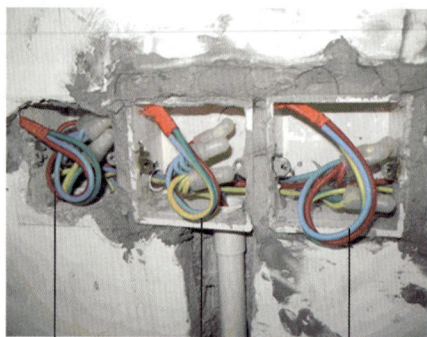

红线（火线）　黄绿双色线（地线）　蓝线（零线）

（i）强电接线

（j）电线管与煤气要分离

图 1-3-1　PVC 管槽、配件及其安装注意事项（续）

第四节　家庭常用开关插座

开关、插座在许多人眼里或许是微不足道的。其实，它与水龙头、抽水马桶一样是日常生活中最重要的部件之一，绝对马虎不得。装修前，业主应与设计师反复沟通，阐明你在生活中的具体要求。由于个人对生活的方式都有具体的理解，因此，家装中对开关插座的品牌、价位、质量、类型、安装位置及数量的选择也会有所不同，要选择必须先知晓，以下对开关插座的相关知识作简要介绍。

1．一般家用开关、插座的分类

（1）按面板尺寸分类

常用的面板类型有 86 型、118 型、120 型等几种。

① 86 型：面板尺寸为 86mm×86mm，如图 1-4-1 所示，86 型属于国标产品。

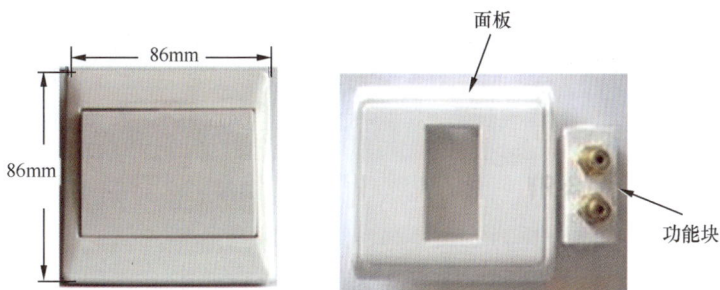

图 1-4-1　86 型面板尺寸

常见的 86 型开关、插座如图 1-4-2 所示，由图可见 86 型面板采用嵌入式面框，安装、拆卸方便，每款面板可有 1 ～ 3 个功能件模块，所有模块都是免焊接模块。

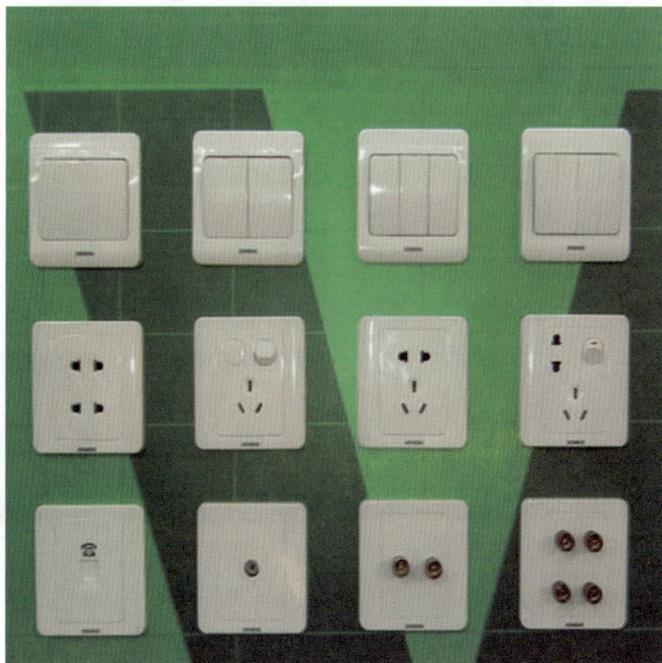

图 1-4-2　常见的 86 型面板

② 118型：面板尺寸一般为70mm×118mm，如图1-4-3所示。另外还有长度为153mm、198mm的延伸产品。118型属于行标产品。原仅在我国部分区域采用该形式产品，现有逐渐通用的趋势。

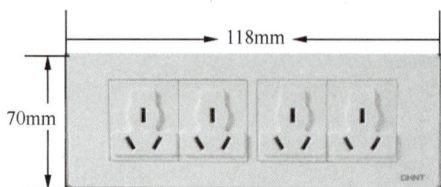

图1-4-3　118型面板尺寸

需要提出的是，选择开关面板是家装过程中一个容易忽视的问题。一般人基本上都按市场上开关插座的类型来选择应用，118型系列产品为了满足客户的不同需求，将各种开关插座等功能组件模块化，标准化了的模块可以进行任意的组装，客户购买时可以按需要选择各种功能模块。

118型面板常用的面板结构如图1-4-4所示。

118型一位面板　　118型二位面板　　118型三位面板

图1-4-4　118型面板结构

118型功能件有开关件、插座件、16A件、电视件、电话件、计算机件等。几种118型标准模块实物如图1-4-5所示。

图1-4-5　118型功能件

其组合体示意如图1-4-6所示。

③ 120型：面板尺寸一般为70mm×120mm，另外还有延伸产品，其实物如图1-4-7所示。

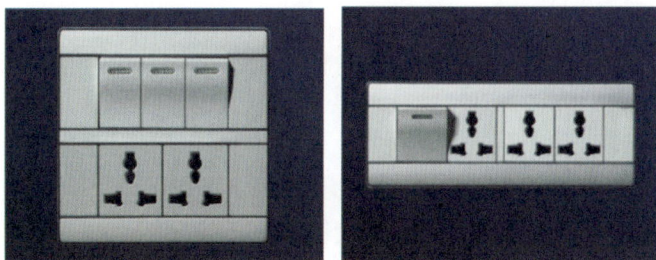

图 1-4-6　118 型组合件

图 1-4-7　120 型

④　146 型：面板尺寸一般为 86mm×146mm 或类似尺寸，该形式实际为 86 型系列的延伸产品，其实物如图 1-4-8 所示。

图 1-4-8　146 型

（2）按控制位数分类

开关按位数有多种形式，如图 1-4-9 所示。

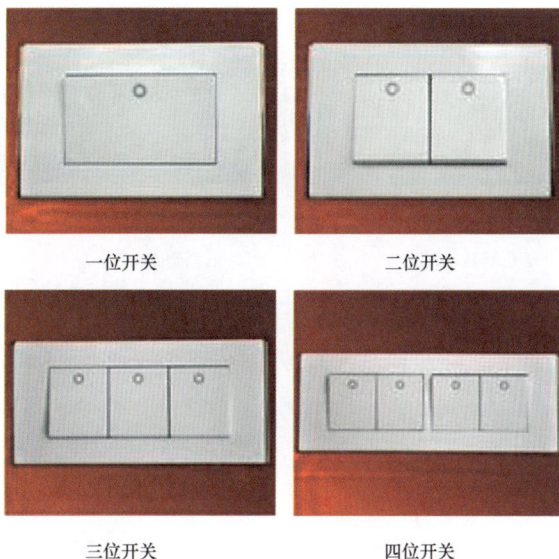

一位开关　　　　　　　　　　二位开关

三位开关　　　　　　　　　　四位开关

图 1-4-9　开关按位数分类

（3）按明、暗装分类

一般墙面安装开关面板，有明装和暗装两种形式，配套的底盒也有明装和暗装两种，其中明装通常用在改扩建工程场合。

a. 明装类

明装型开关、插座和底盒如图1-4-10所示，用于直接在墙体上安装，一般用护套线，走明线连接，也可不用任何配套线盒，但影响居家的美观。

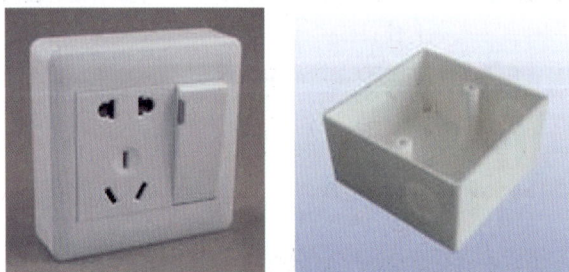

图1-4-10　明装型开关、插座和底盒

86系列面板底盒一般为白色，塑料材料，外型尺寸为长84mm、宽84mm、深36mm，底板上有2个安装孔，用于将底盒固定于墙上，其正面有2个螺孔，用于固定面板，上下进线孔在侧面。

b. 暗装类

暗装型开关、插座和暗盒如图1-4-11所示。暗装底盒有金属和塑料两类，塑料产品

（a）暗装型插座　　　　　　（b）86型暗盒

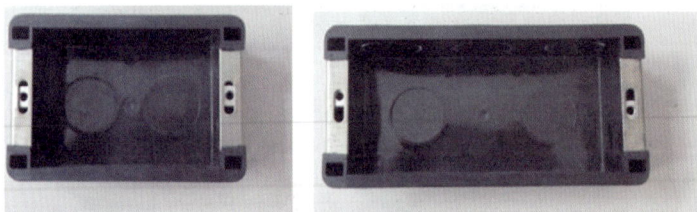

二位底盒　　　　　　　　　三位底盒

四位底盒

（c）118型暗盒

图1-4-11　暗装开关、插座和暗盒

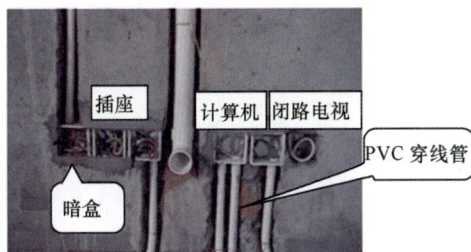

（d）暗盒的安装位置

图 1-4-11　暗装开关、插座和暗盒（续）

一次注塑成形，外形尺寸为长 80mm、宽 80mm、深 50mm，几面都有出线孔，底板上有 2 个安装孔，用于将底座固定在墙面，有 2 个螺孔，用于固定面板。一般新建工程都采用暗装方式，暗装开关插座安装将所有接线部分都放在暗盒中藏于墙体内部，只有开关插孔面板露于墙体表面，比较美观，适合现代家庭装修使用。

2．常用家用机械开关

（1）单控（单极）开关

单控开关就是只分合一根导线的开关。例如在单相负载中，只分合"火线"。单控开关实物及反面接线如图 1-4-12 所示。

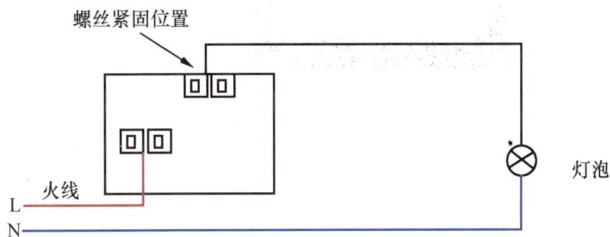

（a）单控开关正面　　　　　（b）单控开关反面接线

图 1-4-12　单控开关

需再提及的是，在一般的照明电路中，零线和火线接反了，对电器的本身没有什么影响，但对人身安全来说，就存在隐患。因为把火线和零线接反了，就等于把开关接在了零线上，当需要换灯泡时，即使把电灯关掉，灯泡上的金属部分也是带电的。那么，当人无意间接触到灯泡的金属部分时，就有触电的危险。如果零线和火线没有接反，开关控制的就是火线，关断开关，灯泡上的金属部分就不会带电，比较起来当然安全一些。

单控开关还有二位单控、三位单控等多种形式，这种形式实质上就是若干个单控开关的组合体，彼此间相互独立，可分别去控制对应的电器，二位、三位单控开关如图 1-4-13、图 1-4-14 所示。

图 1-4-13　二位单控开关

图 1-4-14　三位单控开关

三位单控开关的应用电路接线如图 1-4-15 所示。

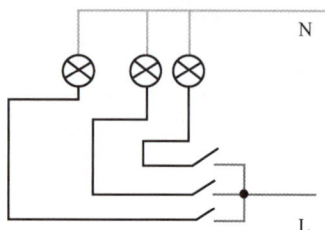

图 1-4-15　三位单控开关的应用

（2）一位双控开关

双控开关意在双控，即一个开关动作可同时带动常开、常闭两个开关触点。利用这一特点，双控开关常用于二地控一灯的场合。例如，楼梯层间装上一盏灯，可在上楼时按压开关 S_1 使灯点亮，到楼上后又可按压开关 S_2 使灯熄灭，甚为方便。双控开关及其应用如图 1-4-16 所示。

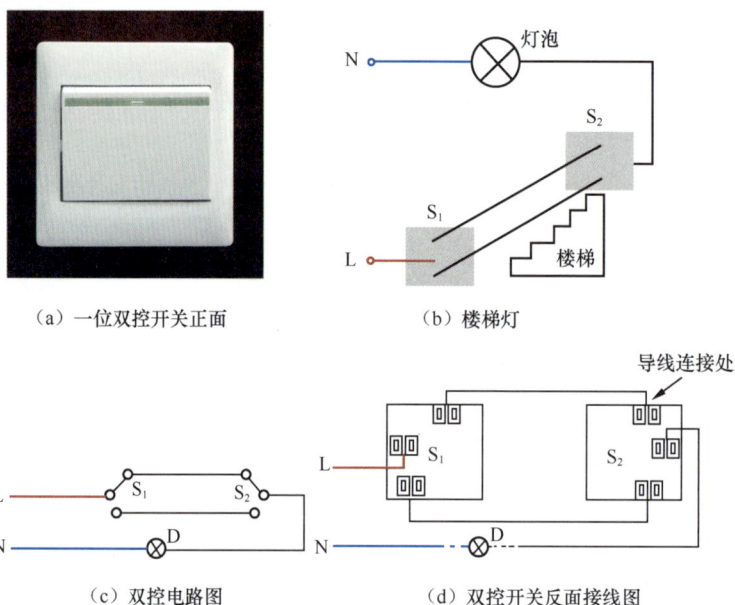

（a）一位双控开关正面　　　　　　（b）楼梯灯

（c）双控电路图　　　　　　（d）双控开关反面接线图

图 1-4-16　双控开关及其应用

由图 1-4-16 可见，一般双控开关在外形上与单控开关区别不大，另外，双控开关的功能还可以扩展到多位控制，但需在 S_1 和 S_2 间串入中途开关。例如，图 1-4-17 所示的中途开关可实现 3 地控制一个灯泡的亮灭。

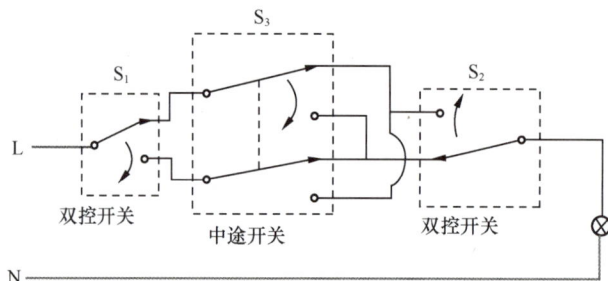

图 1-4-17　中途开关

中途开关是一种双路换向开关，又称为中途挈开关，常用于多地控制一个电器的场合。市场上几个著名的电工有限公司都有相应的产品，实物如图 1-4-18（a）所示，其外形与一般开关无异。

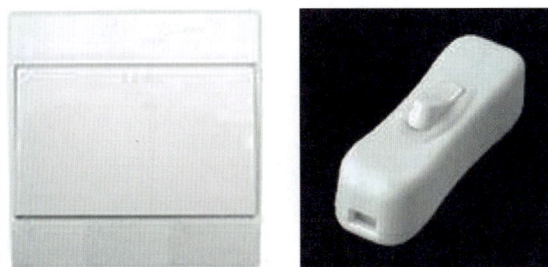

（a）中途挈开关

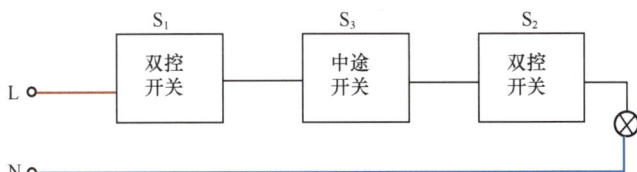

（b）中途挈开关的接线位置

图 1-4-18　3 地控制

如果把图 1-4-17 表述为图 1-4-18 的话，那么图 1-4-19 则为 N 位置控制一个电路的接线图。

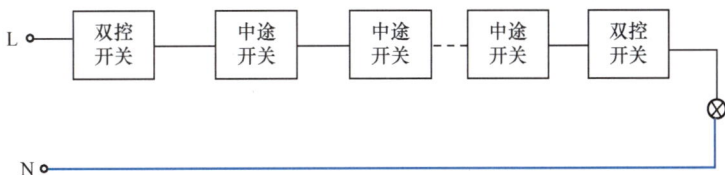

图 1-4-19　N 地控制

（3）双极开关

所谓双极开关就是双刀开关。对于照明电路来说，双极开关可以同时切断火线和零线，在使用上十分安全。

双极开关的实物及接线如图 1-4-20 所示。

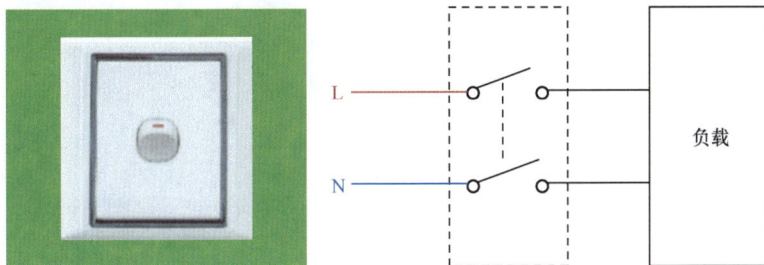

图 1-4-20　双极开关及其接线

（4）拉线开关

拉线开关是机械开关的一种，它靠拉线的动作来实现开关的通断。虽然拉线开关简单，但若使用恰当，也会给生活带来方便，亦能表达生活中的诗情画意。其实物及应用实例如图 1-4-21 所示。

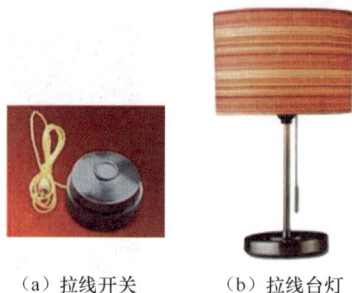

（a）拉线开关　　　（b）拉线台灯

图 1-4-21　拉线开关及应用

3. 指示灯开关

开关指示灯的任务是开关在关的状态下，能指示开关的位置，虽然亮度微弱，但在夜间十分适用。一般用于玄关（房屋进户入口的区域，往往又称为门厅）、楼梯、走廊等共用部位。指示灯开关和内部接线如图 1-4-22 所示。

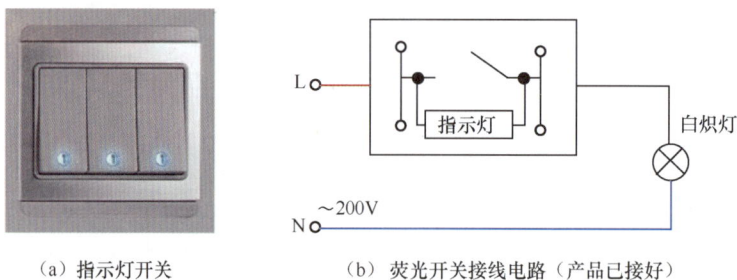

（a）指示灯开关　　　　　（b）荧光开关接线电路（产品已接好）

图 1-4-22　开关指示灯

开关 OFF 状态下，荧光灯点亮。

开关 ON 状态下，荧光灯灯灭。

指示灯开关是带夜光指示的开关面板，由于其方便夜间使用，故而受到人们的青睐。目前，发光体一般有 3 种形式——树脂荧光条、氖泡和 LED。

（1）荧光指示灯

荧光指示灯开关就是在开关上附加荧光条。荧光条在光线充足时蓄能，在黑夜中可以保持发光状态。发光时间的长短与荧光条质量、蓄能时间有关。使用一段时间以后，荧光条的蓄能效果会越来越差，由于荧光物质内可能含有放射性或致癌物，所以有的人对这类物品有所恐惧，其实这是没有必要担心的，因为此类物质的"剂量"极其微弱，人与其接触的时间又极短，远远达不到损害人体安全的程度。

（2）氖泡指示灯

氖泡指示灯如图 1-4-23 所示。

开关闭合时，氖灯灭灯，开关断开时氖泡有电流流通，发出微弱的光线。氖泡耗电量极小，但使用寿命比较短。好的氖泡平均寿命 3 万小时，差的氖泡不到 1 万小时。

（3）LED 指示灯

LED，又叫发光二极管（如图 1-4-24 所示）。这种半导体光源具有体积小、寿命长、节能、环保和安全等特点，被世界公认是未来照明光源的发展主流。LED 指示灯，耗电量极小，使用寿命可达 10 万小时以上。目前，LED 指示灯开关主要应用于高档开关中。

图 1-4-23　氖泡

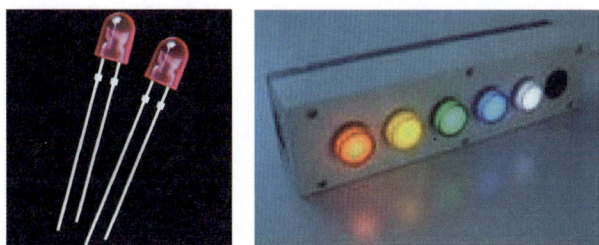

图 1-4-24　LED 指示灯

4．家用插座

（1）插孔类型

几种家用插座如图 1-4-25 所示。由图可知插孔有圆、扁之分，我国推行扁插系统，圆孔插座已基本淘汰。因此，选用电源插座应选购两极扁圆孔插座或三极扁孔插座。两孔插座有火线与零线的两个接线柱，三孔插座有火线、零线和地线 3 个接线柱。如果两孔插座是水平安装时，通常规定接线方式是"左零右火"；如果是立面安装则"上零下火"；三孔插座则大孔接地，"左零右火"。

（2）插座额定电流

国家标准对家用插头插座的额定电流有明确的规定，分 6A、10A 和 16A 这 3 个级别，其他标注级别均为非标准产品。对于一般家庭常使用 10A 和 16A 两种。

① 二极插座（10A）与插头

二极插座可连接额定功率为 10A×220V=2 200W 的电路负载，适合电视、音响、小家电等设备的使用，插座插头如图 1-4-26 所示。

② 三极插座（10A、16A）和插头

三极插座有两个规格，可分别连接额定功率为 2 200 ～ 3 520W 的电路负载，适用于需接地电器。其中，10A 规格的插座常用于微波炉、冰箱、电饭煲、洗衣机等家电产品，16A 规格的插座一般用于空调器和电热水器。

（3）三极插座接线

三极插座插头接线示意如图 1-4-27 所示（示意在正面，接线在反面）。

(a) 圆孔插座

(b) 扁圆四孔插座

(c) 扁三孔插座

(d) 扁圆五孔插座

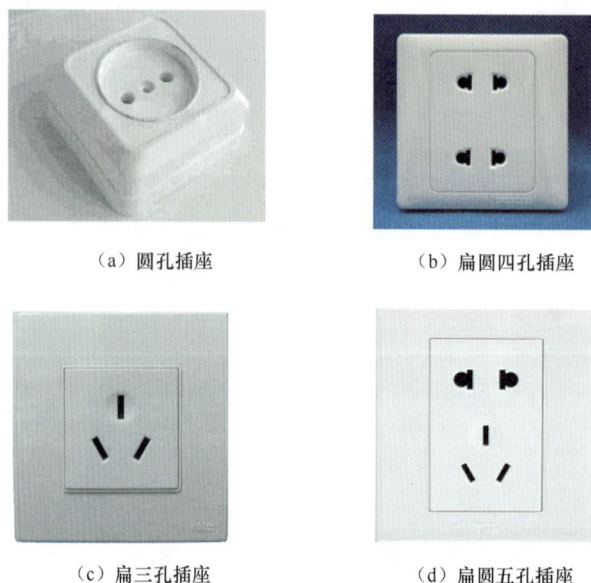

图 1-4-25　各种普通插座

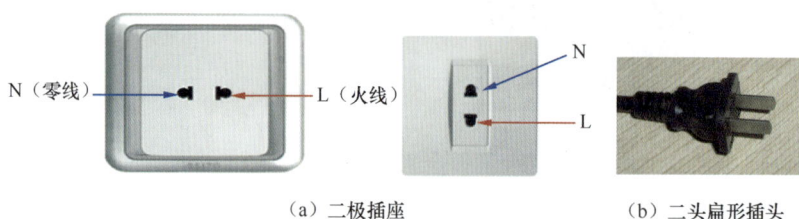

N（零线）　　L（火线）　　N　　L

(a) 二极插座

(b) 二头扁形插头

图 1-4-26　二极插座与插头

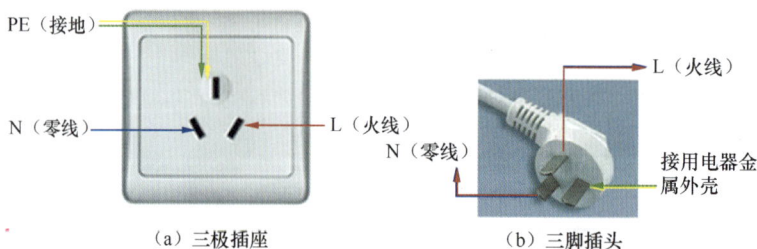

PE（接地）　　L（火线）

N（零线）　　L（火线）　　N（零线）　　接用电器金属外壳

(a) 三极插座

(b) 三脚插头

图 1-4-27　三极插座接线

　　由图 1-4-27 可见，三极插座下方的两孔分别接火线和零线，上方的另一个孔与大地相接。

　　一般而言，只有那些带有金属外壳的用电器才会使用三脚插头，即家用电器上的三脚插头，两个脚接用电部分，另外与接地插孔相应的脚是与家用电器的外壳接通的。这样把三脚插头插在三孔插座里，在把用电部分连入电路的同时，也把外壳与大地连接起来，如果把外壳用导线接地，即使外壳带了电，也会从接地导线流走而呈现零电位，因此，人体接触外壳也就没有危险了。

　　（4）四极插座及接线

　　四极插孔也称三相四线插座，即三相电（也称动力电，380V）的 3 条相线（U、V、W）

加上一条零（N）线。

四极插座和插头如图 1-4-28 所示。

三相四线插座接线如图 1-4-29 所示（正面划线为示意图，实际接线在反面）。

(a) 三相四线插座   (b) 三相四线电源插头

图 1-4-28 三相插座插头   图 1-4-29 三相四线插座接线

其中，1 个端子接地线，其他 3 个按 U、V、W 顺序接火线，如果接电动机，电动机反转，说明顺序接反了，只要把其中两条相线换一下就可以了。

（5）二三极一体化插座

二三极一体化插座俗称五孔插座，可同时插入二极和三极插头，形式多样，应用广泛。几种实物如图 1-4-30 所示。

图 1-4-30 五孔插座

（6）带开关插座及接线

"带开关插座"就是通过开关来控制插座是否有电的插座。对它的选择主要考虑两点：一个是解决家用电器的"待机耗电"的问题，另一个是方便人们使用。带开关插座适用于使用频繁、但平时又不需通电的家电产品，例如，热水器、洗衣机、微波炉、空调器等电器，其优点在于不拔下插头，可通过开关操作 ON/OFF 电器设备。

两种带开关插座如图 1-4-31 所示。

带开关插座接线示意如图 1-4-32 所示（示意在正面，接线在反面）。

 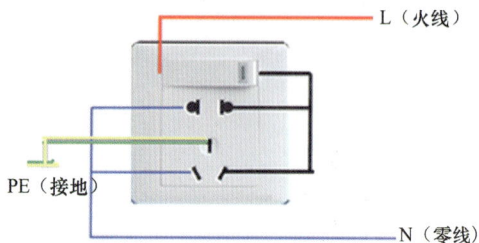

L（火线）

PE（接地）

N（零线）

图 1-4-31　带开关插座　　　　　　图 1-4-32　带开关插座的接线示意图

（7）防水插座

防水插座就是在插头面板外面加了一个防水盒，从而提高安全性。防水插座实物如图 1-4-33 所示。它常用于洗手间、厨房等场所。

防水盒有深、浅两类，深盒插头插上后可以关盒，即可防水。而浅盒则需使用后将插头拔出才能关盒，所以意义不大，故而浅盒主要用于防水开关，如图 1-4-33（b）所示。

（a）深盒（插座）　　　　　　（b）浅盒（开关）

图 1-4-33　防水插座

（8）安全插座

国家电气标准规定，安装高度在 1.8m 以下的插座，需采用有保护门设置的安全插座。也就是说，家庭使用的插座除空调、冰箱、电视机及一些特定用途的插座外，一般都应该有保护门设置，特别是离地 300mm 的插座必须带保护装置。

保护门主要预防外部金属意外插入造成的漏电事故，特别是对儿童的保护。儿童往往对新奇事物抱有很强的好奇心，对室内触手可及的插座，可能用手指或其他硬物捅插口，有保护门能在很大程度上减少危险的发生（如图 1-4-34 所示）。

图 1-4-34　安全插座的保护功能

对于二芯插座而言，只有两个插脚同时插入才能将保护门顶开。三极插头的防单极插入一般有两种设计，一种接地极无保护门，火、零两极也要同时插入才能顶开保护门；另外一种三极都有保护门，在接地插脚顶开保护门时，火、零两极保护门才会打开。安全插座与一般普通插座外形上相似。

需要补充说明的是，对于没有保护门设置的老插座，也可以使用安全插头盖（如图1-4-35所示）来保护儿童的安全，这种安全插头安装时，只需将绝缘插头对准插座孔，轻轻推入，使保护罩盖住所有的电源孔；取出时，捏住保护罩两端，轻松拔出，否则不易拔出。

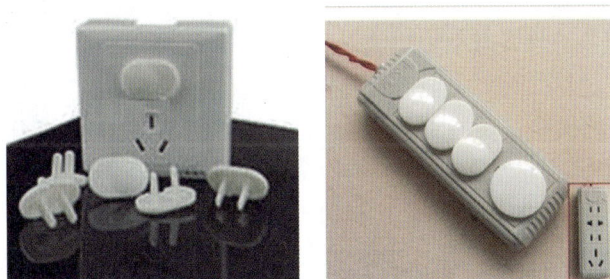

图 1-4-35　安全插头盖

（9）万用孔插座（已淘汰产品）

扁脚插头是符合国际电工安全标准的插头，实际上还有其他一些区域性标准，例如，计算机的电源插头就有圆柱体的，还有一些小家电的插头是扁的但角度不同，为了兼容起见，万用孔插座应运而生。

通过和普通型插座的比较，可以看出万用孔插座的"多功能"体现在既可插二极插头、三极插头，也可插扁形式圆形的插头，但是万用孔插座内部的铜片变形产生打火的几率略大一些。

近年来，鉴于万用孔插座导致的安全事故频频发生，国家质量监督检验检疫总局与中国国家标准化管理委员会发布了一个新的执行标准：GB 2099.3—2008《家用和类似用途插头插座 第二部分：转换器的特殊要求》。

新国标明确规定，国家从2010年6月1日开始将正式淘汰万用孔插座，只允许生产符合新国标组合孔型的插座产品，如图1-4-36所示。其中，图1-4-36（b）所示插座可分别插入二极和三极插头。

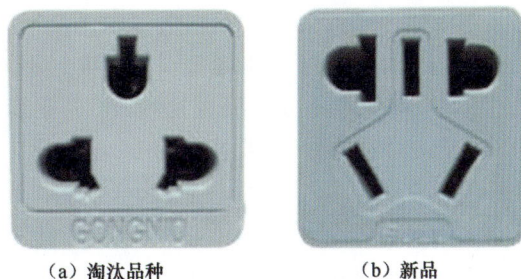

（a）淘汰品种　　　　　　　（b）新品

图 1-4-36　万用孔插座

据相关资料介绍，"按照新国标标准生产的插座产品，插头与插座的接触面积更大，接触更紧密，能有效防止发热，同时，防触电性能更好，这都将大大提升插座产品的安全性能。"对于广大消费者而言，购买插座时应注意购买国标产品。

（10）地面插座

地面插座又称为地板插座，简称地插。地插的特点是方便、安全。倘若你的房间很大，而房屋的中央需要插座，如果从墙上拖一插线板过去，会磕磕碰碰给生活带来不便。这时使用地插就很方便，电线在地板下面很安全。其实物如图1-4-37所示。

地面插座的特点是基座盖套固定在基座上，已装上多个插座的插座安装板固定在基座盖套里，放上上盖座套和垫圈，用高度调节螺丝固定在基座盖套里并调节上盖座套离基座的高度，盖座连接弹簧将上盖与上盖座套连接，上盖与上盖座套配合可闭合可打开，上盖边缘开有引线口放入引线端子，相对应的边缘固定有压环件，在压环件上装有压环扣。它总体高度可调，有多个插座，多路接线、功能多、用途广、接线方便。

图1-4-37　地面插座

多功能地面插座盒按材质分类有：铜合金地面插座、锌合金地面插座、不锈钢地面插座3种；以打开方式来分有：弹起式、开启式、螺旋式3种；按大小来分常见的有单联和双联两种地面插座。

（11）内置延长线的电源插座

内置延长线的电源插座是为一些特殊的需求而设计的，使用起来十分方便，其实物及安装图如图1-4-38所示。

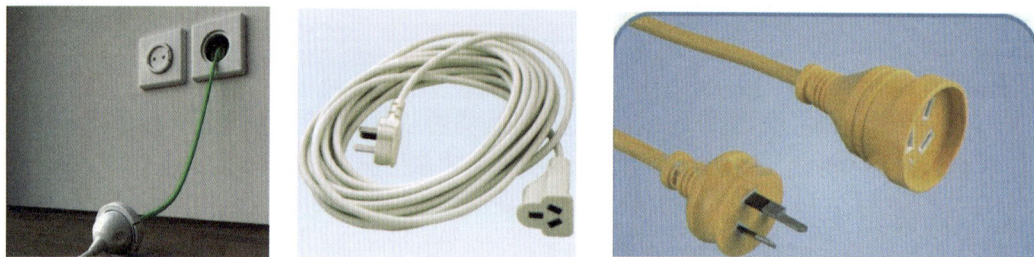

图1-4-38　内置延长线的电源插座及其产品

5．如何选购开关、插座

据公安部消防局统计，2010年1月～2010年8月，全国共发生火灾89 049起，而其中电气火灾以33.3%的比例高居榜首！在众多家庭电气火灾隐患中，劣质插座首当其冲，它们有的外壳采用劣质塑料，阻燃性差；有的电源线材质差、内部铜线少而细，无法承受较大用电负荷；有的内部采用劣质铜片，发热量大，极易引发火灾！不难理解，选择安全的开关插座，将给你带来舒适的生活。如果购买了劣质开关插座，可能会给你生活带来不安和烦恼。以下就选购开关、插座的一般方法罗列如下，供读者参考。

（1）看标识

要注意开关插座的底座上的标识，包括3C认证、额定电流、电压。自2003年5月1日起，未获得强制性产品认证证书和未加施中国强制性认证标志的产品不得出厂、进口、销售。

（2）看包装

合格产品包装袋内应有使用说明、合格证和附件螺丝，同时也应有厂家地址以及电话号码。

（3）看品牌

品牌是生产厂家多年努力的成果，大多数品牌都会对产品质量作出承诺。例如"12年质保"，表达了企业对品牌产品质量的信心。

（4）看开关插座接线方式

开关插座产品后部和电线相连，一般有螺钉压线、双板压线、快速接线 3 种接线方式。目前，一些高档产品已淘汰了传统的螺丝钉压线（如图 1-4-39 所示），而采用速接端子式接线端子（如图 1-4-40 所示），可以增加导线接触面积，提高导电性能，避免螺丝钉压伤芯线。

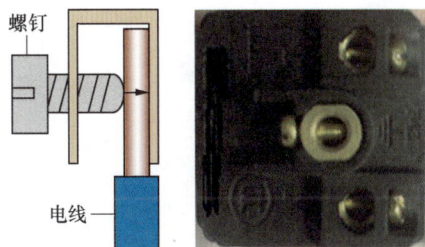

图 1-4-39　螺丝固定式

图 1-4-40　速接端子式

需要进一步说明的是，螺丝固定式由于螺丝固定松紧程度不同和热胀冷缩的原因会造成插头与插座端子的接触不良，是造成插座发热甚至引发火灾的主要原因之一，而速接端子式插入电线便可完成接线，而且不会随着时间的推移而出现松动，从而大大提高了工作稳定性。但速接端子仅适用于单芯硬线，多股软线无法插入。

新速接端子附有拆线手柄（如图 1-4-40 所示），按下手柄的同时，将电线上提，即可拔出，拆线无需专用工具，由于拆线、接线都十分简单，大大节约了施工时间。

另外，还有一种双板压线结构，即通过小螺钉收紧两个小金属片，使金属之间的电线被夹紧。双板压线在接单线时效果不错，但如果同时接两条不同线径的电线时，细的一根容易松脱。

（5）看簧片颜色

通过插口看簧片颜色，如为黄色，则说明材料是黄铜，黄铜质地偏软，易氧化，属低档产品；若为紫红色，说明材料为金属磷青铜，金属磷青铜不易生锈，可靠性高。

（6）了解面板材料

有专家认为，优质的材料与结构是区分开关质量的唯一标准。对于开关面板而言，绝缘体可简单的分为 PC 料、尼龙料及尿素树脂材料。

PC 料俗称防弹胶，具有耐高温、抗冲击、抗老化、阻燃、不变色等优良特性，主要用于产品的边框、功能件组件，大多数为乳白色。

有关公司提供的资料指出，一级 PC 料几年前入关价格为 45 000 元 / 吨，国内中低端开关使用的 PC 料等级较低，价位一般为 6 000 ～ 18 000 元 / 吨，此种 PC 料多为回收废弃物提炼得到。

另外，开关面板中使用的另一种材料是尼龙料，多用于内部的防单级插入保护门及隔离摆动轴，如图 1-4-41 所示。

图 1-4-41　开关内部的尼龙材料部件

好开关插座的面板所使用的材料在阻燃性、绝缘性、抗冲击性等技术指标方面均在国家标准之上，优质品牌产品材质稳定性更强。业主选购时应考虑自己摸上去的手感，凭借手感初步判定开关的材质。一般来说，品牌产品表面质感好，而表面粗糙，摸起来薄、敲起来脆感觉的产品各项性能都是不可信赖的。还有，品牌产品面板的颜色可保持不变，而低价产品多为再生材料所制，容易氧化变色发黄。开关面板、边框除了采用塑料之外，还有外观豪华大方的金属材料产品，可适合追求豪华、高尚生活品位的用户。

（7）检查保护门

插座的插孔需装有保护门，插头插拔应需要一定的力度并单脚无法插入。从外向内看应看不到插孔内的铜片，也可以拿个发卡或硬的插片单孔捅一下，捅不进去证明有自锁装置。

（8）了解开关的触点

"触点"就是开关导电零件的接触点。触电一要看大小（开关接触面大，允许通过的电流也就越大）；二要看材料，目前触点材料主要有 3 种，银镍合金、银镉合金和纯银。

① 银镍合金：导电性能、硬度比较好，也不容易氧化生锈，是比较理想的触点材料。

② 银镉合金：触点导电性能好，但镉元素属于重金属，对人体有害。

③ 纯银：导电性能好，但纯银质地比较软、容易氧化（类似银首饰，时间一长表面就会变黑）。质地软，大电流通过时可能把触点熔化变形。另外，由于银或银合金材料都是贵金属，一些质次产品为降低成本仅在接触部位刷层银来替代触点，或两个触点不一样大，这样的产品的导电性能和瞬间分断能力都大受影响。购买时一般用户是无法从技术上、工艺上去鉴别的，业主可通过对比不同厂家、不同价位的因素来了解开关触点的质量。

插座好不好用关键看插套，好的插套采用锡磷青铜（颜色紫红色）。锡磷青铜片弹性好、抗疲劳、不易氧化，插拔次数可以达到 10 000 次。

也有将黄铜片用来做插座的插套，因黄铜弹性差、易氧化，短期使用就会因接触不良，存在火灾事故隐患。所以，这类插座最好别买。优质插座铜片厚实，镀层均匀光亮，厚度达 0.5mm 以上，有的劣质产品甚至用镀铜铁片，极易生锈变黑，这类产品价格极低，用户千万不要贪图便宜而上当，鉴别镀铜铁片可用磁铁试一试，能被磁铁吸住的就是铁片。

（9）操作性检查要点

① 开关动作有力度感。一般而言，大翘板开关力度比小按钮开关要强。

② 开与关位置分明，中间位置不停留。

③ 插座插拔力度适中，不存在过紧或过松情况。

④ 整体结构紧凑、稳固。

⑤ 标注字迹清晰。

6. 家庭开关、插座的安装位置

家庭开关、插座安装位置的选择的基本思想是安全、方便和美观。

（1）开关的安装位置

① 按钮式开关安装高度一般离地 1.4m，全家各房间的开关应处于同一高度，相差不要超过 5mm。

② 门旁开关一般位于距门口右侧 150～200mm 左右，但不能在门背后。

③ 开关位置应与用电器相对应。

④ 厨房、卫生间、露台，开关插座安装当尽可能不靠近用水区域。若无法避免，当加配开关防溅盒。

（2）插座的安装位置

① 一般插座下沿当距地面 0.3m，同室插座安装在同一高度，相差不要超过 5mm。

② 在儿童活动场所应采用安全插座。采用普通插座时，其安装高度不应低于 1.8m。

③ 客厅卧室每个墙面，至少安装一个备用插座。

④ 洗衣机插座距地面 1.2～1.5m，应选择带开关三极插座。

⑤ 电冰箱插座距地面 0.3m 或 1.5m（根据冰箱位置而定），应选择单三极插座。

⑥ 分体式、挂壁空调插座宜根据出线管预留洞位置距地面 1.8m 处设置，窗式空调插座可在窗口旁距地面 1.4m 处设置，柜式空调器电源插座宜在相应位置距地面 0.3m 处设置。

⑦ 抽油烟机插座当根据橱柜设计，安装在距地 1.8～2m 处。

第五节　家庭常用电子类开关插座

目前，一般家庭用电仍的需求处于供电的"初级阶段"，开关、插座只是提供最基本的供电功能。随着人们生活水平的提高，家用的开关、插座将被赋予更多的功能，通过在开关、插座中加入了一些"控制元素"，使其朝着智能化、人性化的方向发展，更加方便人们的生活。总体来看，这是一个大的趋势。

1. 功能性开关

（1）光控开关

光控开关是根据光电控制原理设计而成的。它白天使灯熄灭，晚上或光线变暗时则自动开启。图 1-5-1 所示是一家用的光控开关，全封闭外壳，不受天气、季节影响，且体积小、安装方便，适合别墅或大户人家室外单灯配置。其光控开关产品技术参数如下：工作电压——～ 220V/50Hz，输出电流——10A，环境温度—— -20 ～ 60℃，功耗——≤ 2VA，工作方式——室外防雨型，接线方式——火线、零线、输出（接负载），外形尺寸——100mm × 60mm × 35mm。

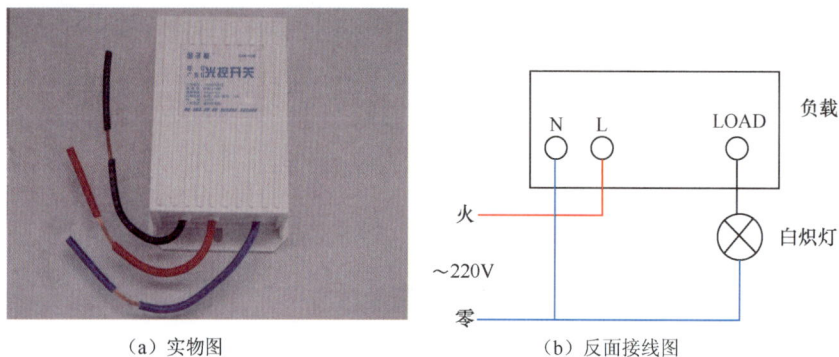

（a）实物图　　　　　（b）反面接线图

图 1-5-1　光控开关

（2）感应开关

感应开关是指人体红外智能感应开关，当有人从红外感应探测区域经过时而自动启动的开关，能做到"人来灯亮，人去灯灭"，节能、方便。

红外感应开关控制距离在几米内，延时时间可以调节，适用于走廊、楼道、仓库、车库、门前、地下室、洗手间等场所的自动照明。感应开关的实物照片及接线如图 1-5-2 所示。

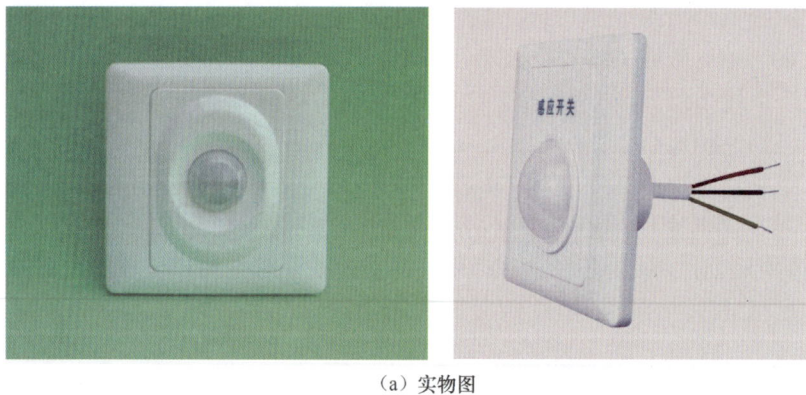

（a）实物图

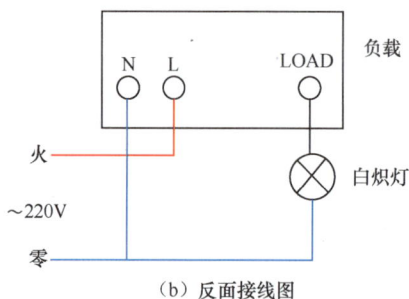

（b）反面接线图

图 1-5-2　感应开关

（3）家用无级调速开关

电气调速的最基本的原理是改变加在负载上的电压大小，可以通过手动调节电位器来实现。例如，人们对电扇风速的控制，传统调节的方式一般都是分低速、中速、高速 3 挡控制。而所谓的无级调速就是转速可以平滑连续地调整，没有挡的概念。家用无级调速实物图及接线方法如图 1-5-3 所示。

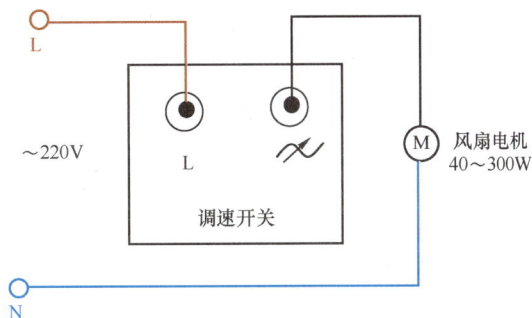

（a）实物图　　　　　　　　　　（b）接线示意图

图 1-5-3　调速开关

（4）调光开关

调光开关是一种可调节白炽灯亮度的开关，适用于起居室、卧室、店铺等重视灯光氛围的空间。当然，通过调节光亮度，也可达到节能的目的。需要提醒的是，调光开关不能用于一般节能灯、荧光灯等光源调光，调光开关有 300W、400W、500W 之分，选用时需注意选择开关的功率。

家用无级调光开关如图 1-5-4 所示。

图 1-5-5 所示为三位智能光控开关，它可以在控制三路灯光的同时具有调光功能，你可以根据自己的感受，首先对灯泡亮度进行个性化的设置。当你开灯时，灯是逐步由暗到亮；当你关灯时，灯是逐步由亮至灭，十分人性化。这种软开关的设计既可以保护眼睛，又能有效延长照明电器的使用寿命，适合儿童及老人房间使用。另外，智能调光开关具有记忆功能，你将照明设置成你喜欢的亮度后，无论何时开灯，它都会自动调整到你所认可的灯光照度。

图 1-5-4　调光开关

调光开关接线图如图 1-5-6 所示，具体设置见产品说明书。

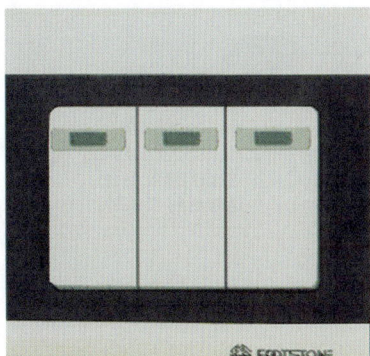
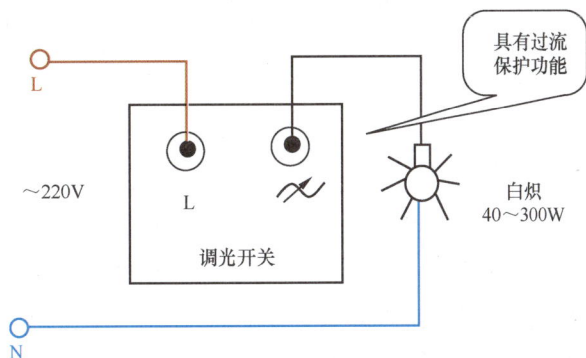

图 1-5-5　智能光控开关　　　　　　图 1-5-6　调光开关接线图

（5）声光感应延时开关

此开关主要用于走廊、楼梯等处的照明自动控制。在夜间或光线很暗的时候，如果声响达到一定程度（例如：脚步声、说话声、拍手声等），就会自动点灯，在经过了规定的时间后再自动关灯。但在白天或明亮的环境中，则不能点灯。声光感应延时开关实物如图 1-5-7 所示。

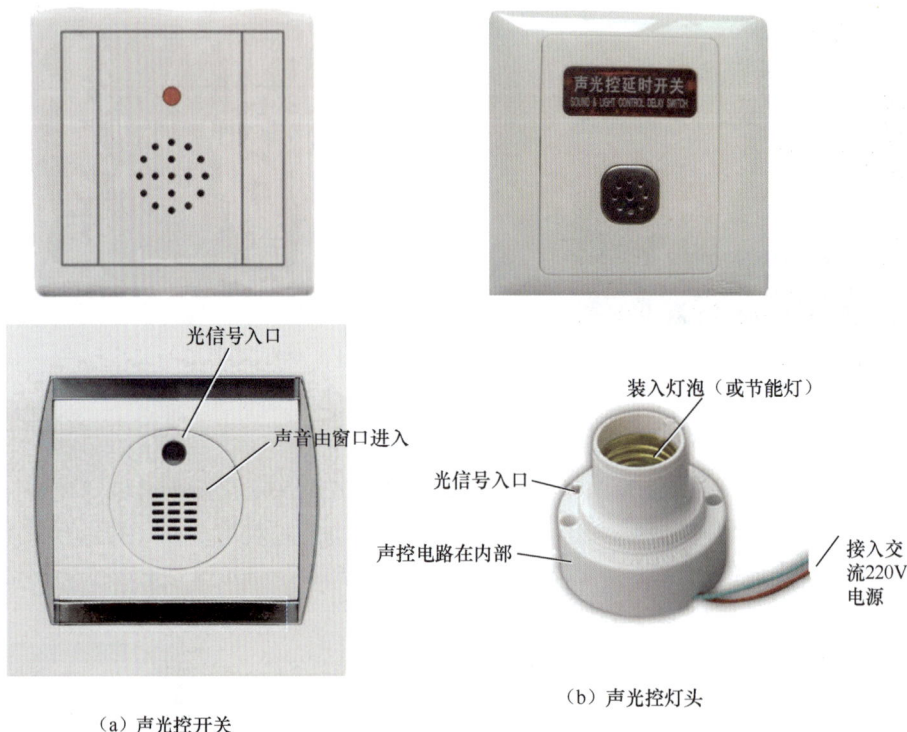

（a）声光控开关

（b）声光控灯头

图 1-5-7　声光感应延时开关

声光感应延时开关接线方法及说明如图 1-5-8 所示。

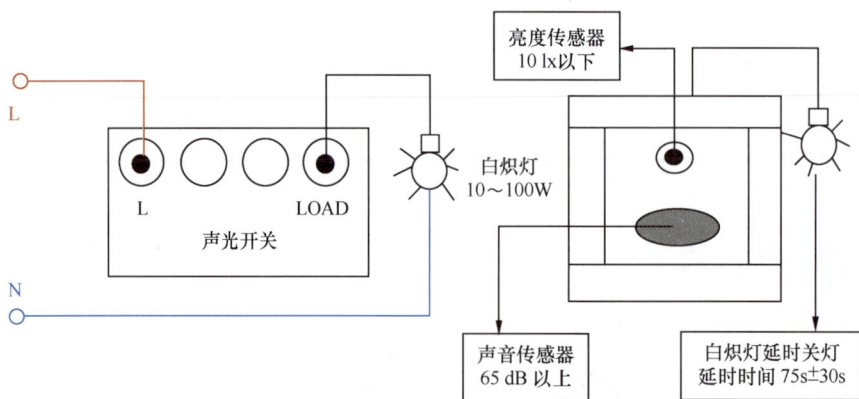

图 1-5-8　声光感应延时开关接线示意图

（6）防水开关

从安全的角度看，潮湿的环境严禁使用普通开关插座。所谓真正意义上的防水开关就是可以湿手操作的电源开关。其实，家庭常用的防水开关就是在开关外另加了一个防水盒，以防溅水而已。几种带防水盒开关实物如图 1-5-9 所示。

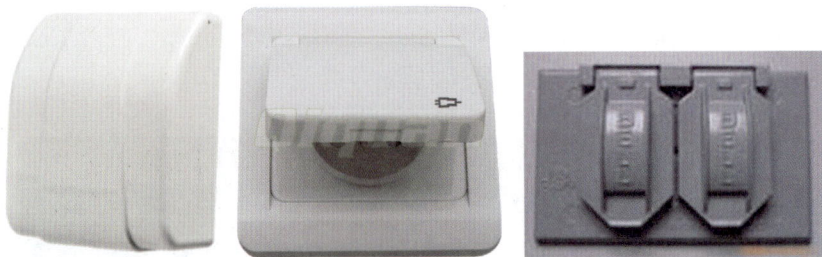

图 1-5-9 带防水盒开关

（7）数码分段开关

数码分段开关实物如图 1-5-10 所示。

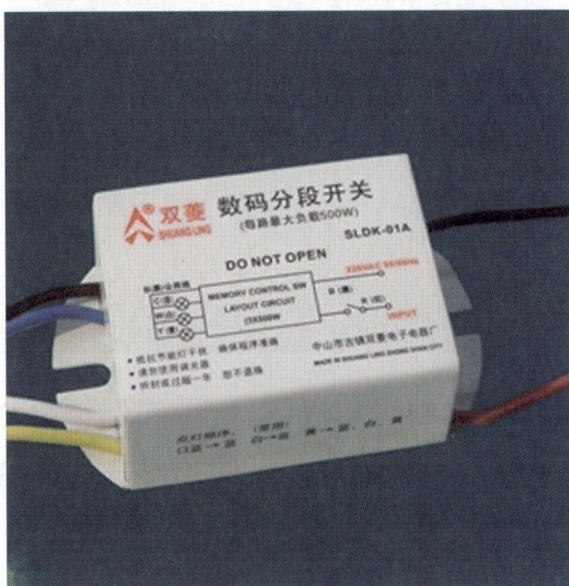

图 1-5-10 数码分段开关

数码分段开关的作用是一个电源开关控制点亮灯管的数目，以实现调光目的。每一个产品都在开关上印有说明书，照图接线即可（注意功率范围），接线示意如图 1-5-11 所示。

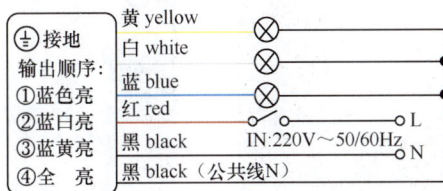

图 1-5-11 数码开关接线示意图

（8）多控开关

多控开关是指多个开关控制一个用电器。这种开关的优点是运用两根弱电信号线来控制一个用电回路，弱电信号线由开关本身自带 12 ～ 24V 电源。用电回路的额定功率有多种规格供选择。使用多功能开关可实现多个地点控制同一盏灯或多路灯具由多个地点相互组合控制，它适用于楼梯口、客厅、厕所灯、门前灯、走廊灯等处，使用多控开关会给日常生活带来很多方便。多控开关的实物图如图 1-5-12 所示。

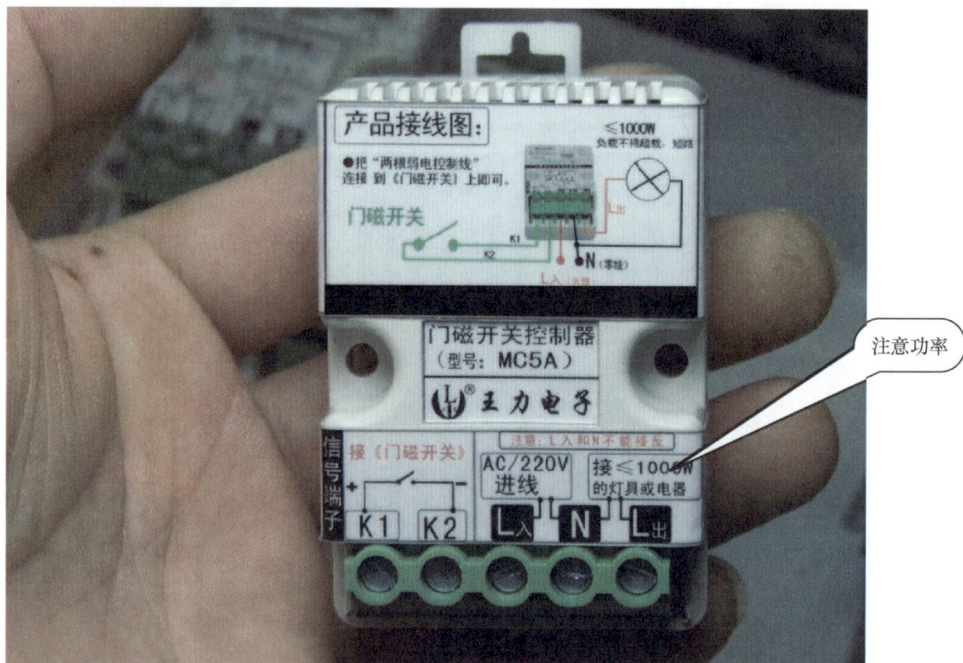

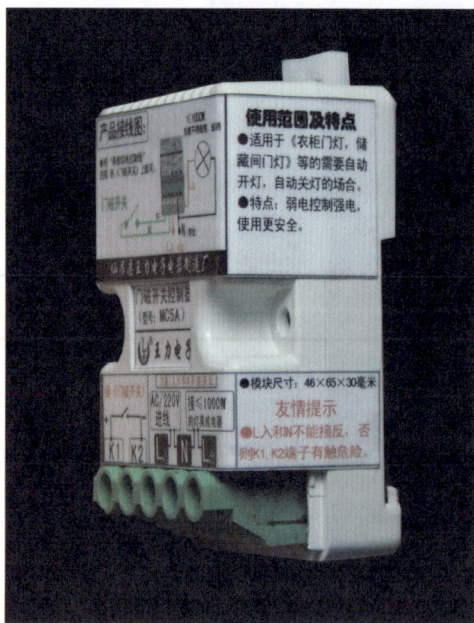

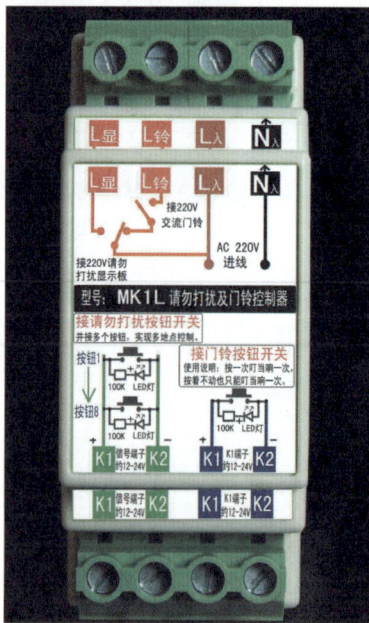

图 1-5-12　多控开关

多控开关的电路模型如图 1-5-13 所示。

图 1-5-13　多控开关电路模型

由图可知，多控开关左侧接用电器及其供电电源，右侧为信号控制端，每一控制点设按钮开关 AN 一个，按一次按钮可点亮灯泡，再按一次则熄灭灯泡，从而实现了多个开关控制一个用电器的目的。多点控制一个灯泡的电路接线如图 1-5-14 所示。

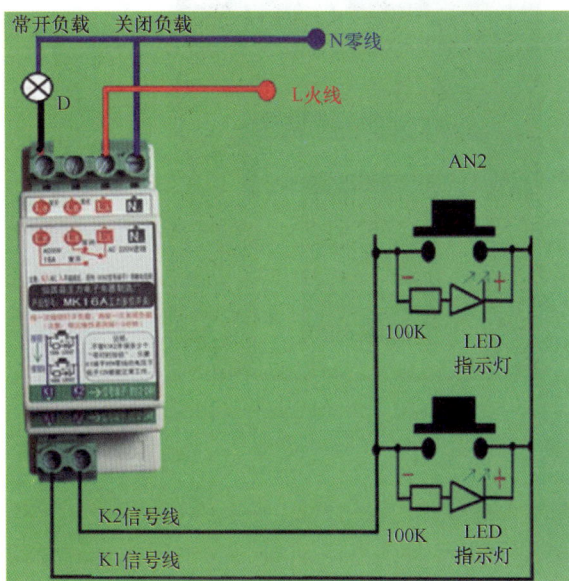

图 1-5-14　一灯多控接线示意图

在多控开关产品的表面，厂家都印制了接线图、电路参数和注意事项，此开关表面印制的内容大致如下。

① 工作条件为～ 220V、5A。

② 可设置按钮 AN1 ～ AN8。

③ 零、火线不能接反，否则 K1、K2 信号端子有触电危险。

④ 按一次按钮接通负载，再按一次关闭负载。注意：每次操作需间隔 1 ～ 3s。

⑤ 不管 K1、K2 并联多少个带灯的按钮，只要 K1 端子对 N 零线的电压不低于 12V 都能正常工作。

采用 3 只多控开关控制室内几个不同类型的灯具的电路如图 1-5-15 所示。

图中多控开关的型号：MK5A 王力多控开关，控制开关选 C86H3F 薄膜面板，由于信号线电流很小，所以 K1、K2 信号线用 2mm×0.5mm 的电话线或者用网络线都可以。

（9）触摸开关

触摸开关是家装开关的一种新型墙壁开关，是传统机械按键式墙壁开关的换代产品，它具有寿命长、无污染、安全可靠的显著优点。

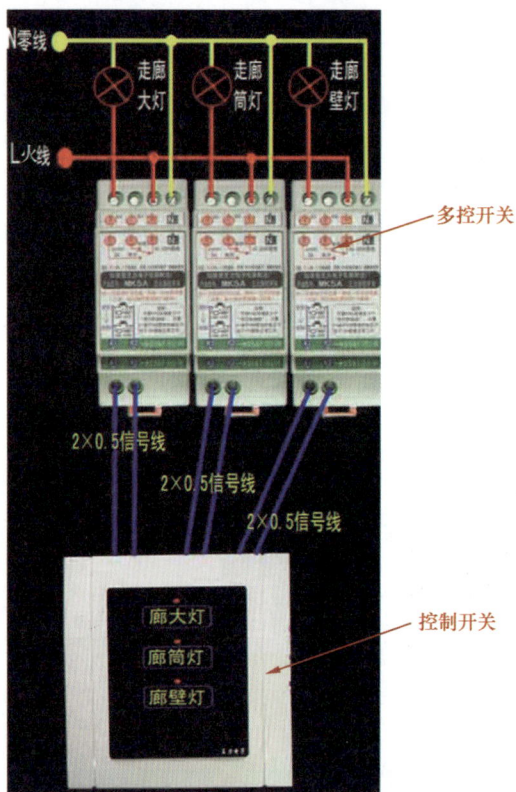

图 1-5-15　多控开关接线示意图

① 触摸开关种类

a．机械轻触开关：其本质还属机械开关，只是开关行程变短而已。

b．人体触摸延时开关：用手触摸一下面板上的不锈钢片，灯即亮，约 60s 自动关闭。此类开关适用于楼道、走廊等公共场所。

c．即时开关：用手指触摸一下面板上的金属片，电源接通电器，再摸一下电源则切断，适用于一切家用电器。

d．调光开关：根据触摸时间的长短来调节灯光的亮度。

② 家用触摸开关外形（如图 1-5-16 所示）

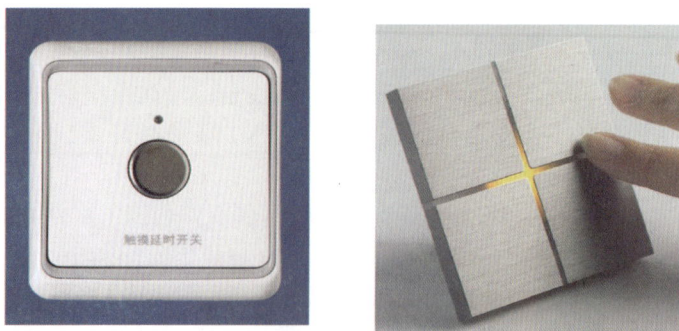

图 1-5-16　触摸开关外形

③ 触摸开关接线

a．某触摸开关接线如图 1-5-17 所示。

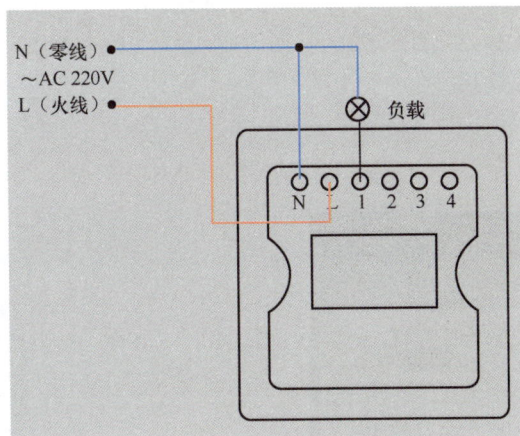

图 1-5-17　触摸开关接线

b．某系列开关接线示意如图 1-5-18 所示。

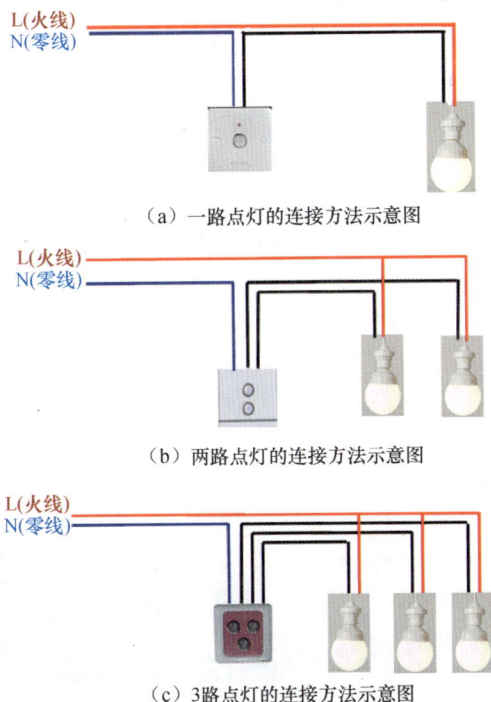

（a）一路点灯的连接方法示意图

（b）两路点灯的连接方法示意图

（c）3 路点灯的连接方法示意图

图 1-5-18　某系列开关接线示意图

（10）遥控开关

遥控开关是一种通过无线遥控器控制家庭灯具、电器、电动窗帘的理想开关，属于家庭智能化产品，包含遥控器及开关两个部分；在家庭照明及家庭智能化领域具有广泛的用途。

大家都了解电视遥控器的方便。同理，若把现在的墙壁开关换成遥控开关接收器，那么你就可以使用遥控器控制居室的电器。家用遥控开关实物如图 1-5-19 所示。

家用遥控开关基于红外线遥控技术，操作简单，可直接替换现有的墙壁开关。按遥控按键ON/OFF可开关电灯,按+/-键可调节灯的亮度。需要说明的是,家庭遥控开关仅适用白炽灯。

值得一提的是,某些企业生产了将遥控和定时功能相结合的家用遥控开关,非常生活化,例如躺在床上也可以进行开/闭灯的操作,同时也可以进行 1min ～ 1h 的定时设置。其控制器如图 1-5-20 所示。

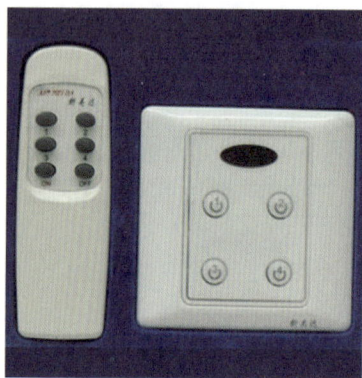

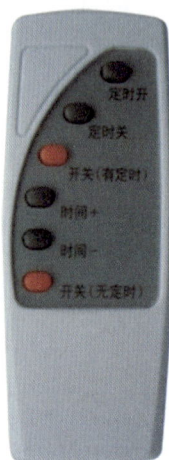

图 1-5-19　家用遥控开关实物　　　　　　图 1-5-20　具有定时功能的遥控开关

另外,现在灯饰市场里流行一种多位控制遥控开关,实物如图 1-5-21 所示。用户可按印在产品表面的提示和产品说明书安装和使用,保留图 1-5-21 中的开关 K,使此开关同时具备手控和遥控功能。

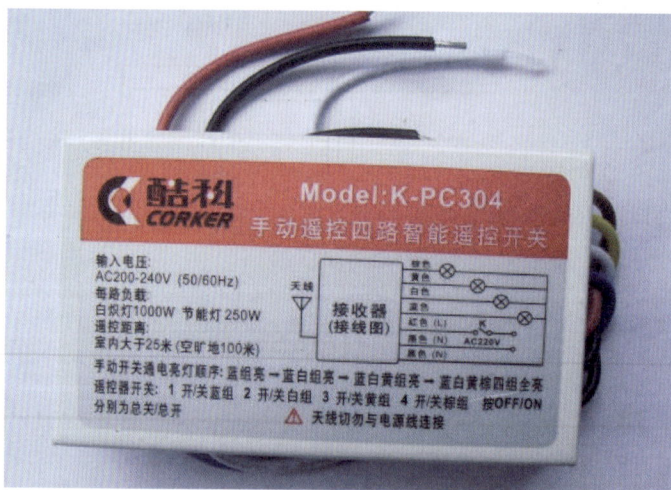

图 1-5-21　多位控制开关外形

2．功能性插座

（1）定时器插座

① 定时器插座的用途

家庭里有定时开关需求的用电器很多，举例如下。

a．很多家庭热水器24h通电，其中很大部分电能消耗在白天和夜间的反复加热上面。若使用定时器插座，可设定洗澡前 x 小时接电加热，这样既满足了生活的需求，又节能、方便、延长热水器使用寿命，应该说，使用定时开关是热水器使用的一种好方案。

b．定时开关空调器。

c．定时启动电饭煲。

d．可以用它来自动控制鱼缸或家庭小假山的灯具、抽水机、加热器、增氧器分时段工作，使你出差无忧。

e．对电视机、电能实现定时自动关机，以约束小孩沉湎电视剧和电子游戏。

f．如果你出差在外，可定时开启家里的照明灯，以表示有人在家，可以防盗。

g．定时开闭电动窗帘。

由上可知，定时器开关对任何家用电器都可实现定时开关的功能，确实非常方便！

② 定时器插座类型

定时器有电子和机械两种类型，实物如图1-5-22所示。其操作方法可见随机说明书。

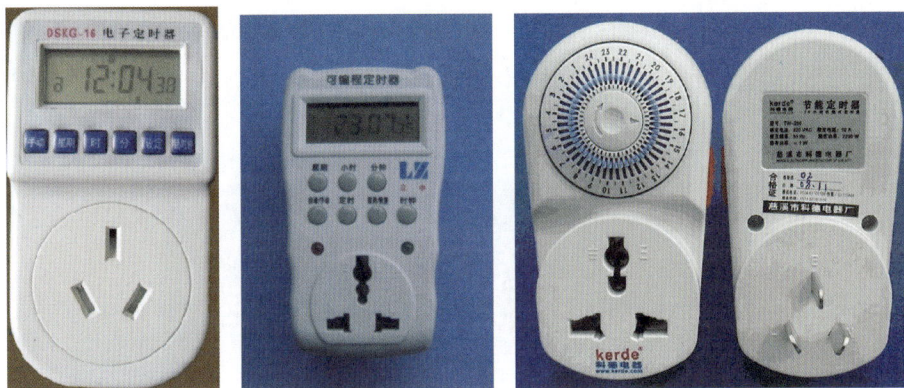

（a）电子定时器　　　　　　　　　　（b）机械定时器

图1-5-22　定时器

（2）智能防火插座

智能防火插座也是一种新型的电气插座，在正常条件下其功能和一般插座相同，在外形上与一般开关插座无异，但在电路出现异常情况（如短路、电流过载等）或环境温度过高时，能自动断开电路。

智能防火插座产品特点如下。

① 当负荷超过额定电流时，插座自动切断电路，同时面板指示灯亮，说明存在故障。

② 排除故障后，按一下面板下方的红色按钮即可恢复正常供电。

③ 因其他原因壳体温度达到90℃±10℃时，插座自动切断电源。

④ 外形尺寸、安装与普通插座相同。

⑤ 未完全排除故障而强行复位供电，插座自动重复断电、报警。

⑥ 有故障的电路切断后，不会影响其他电路的工作。

智能防火插座实物如图 1-5-23 所示。

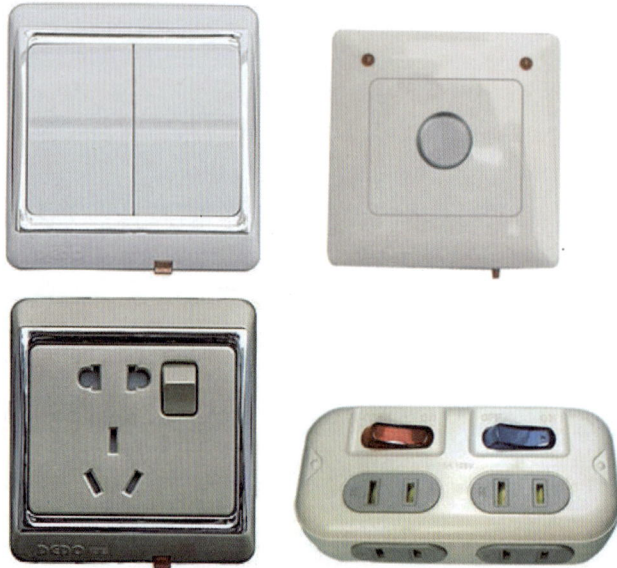

图 1-5-23　智能防火插座

智能防火实质上是一种过载保护，防火功能极为突出，但可惜的是很多人都不知道，市场上也仅有少数厂家生产此产品，因此，增加图 1-5-24 是一种对智能防火开关的说明，是笔者认为过载保护开关插座具有实际意义的个人想法。

图 1-5-24　智能防火开关 / 插座的宣传

（3）可移动插座

几种可移动插座（板）如图 1-5-25 所示。

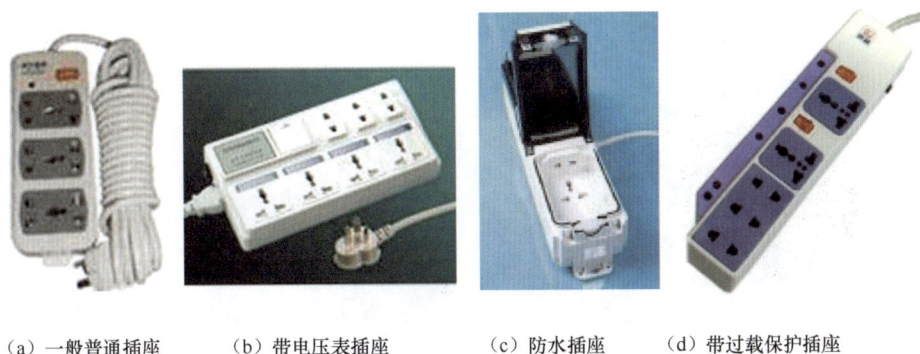

（a）一般普通插座　　　（b）带电压表插座　　　（c）防水插座　　　（d）带过载保护插座

图 1-5-25　可移动插座

现在家家户户都会用到几个可移动电源插座（拖线板），可移动插座可以方便为人们提供电源。在电气火灾的事故中，有不少是因为劣质移动式插座造成的，例如，移动式插座的金属簧片与插头不能紧密接触，造成松动，使插头与移动式插座之间虚连，从而导致打火、拉弧、积热，甚至造成火灾。

为保证安全用电，购买时应充分考虑以下几个问题，绝不能贪图便宜而埋下后患。

① 选择品牌产品。

② 选购商品时观察其外观结构。一般来说，质量好的插头插座，其外观色泽均匀光亮、无边刺、插销和插孔尺寸对称统一、标志清晰可辨。

③ 对带保护门的插座部分，在插头拔出时，带电插套应会自动被遮蔽。

④ 选购时则可掂掂重量。移动插座主要是由铜材和塑胶材料组成，一般质量较好的用料比较足，绝缘材料和铜材都比较厚，因此重量会较重。质量低劣的，绝缘材料和铜材都比较薄，因而插座也会比较轻。

⑤ 考虑移动式插座的额定电流不得大于插头部分的额定值。国家标准中对移动式插座的额定电流做了明确的规定，民用类的分为 6A、10A 和 16A 这 3 个级别，用户要根据负载大小正确选择，最好选择具有过载切断功能的插座板。

图 1-5-26 是对一次电气事故的图示。由图可见，插板负载电流为 3A+5A+7A+4A=19A，

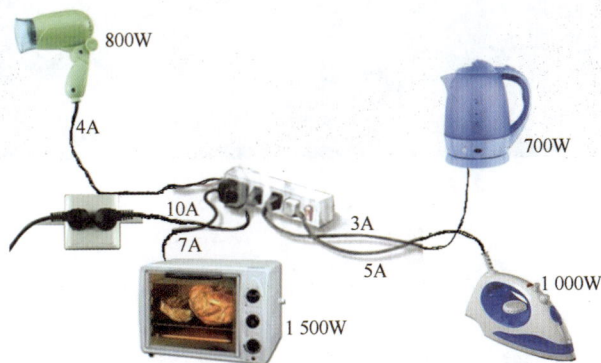

图 1-5-26　负载电流超载

大大超过了插板 10A 额定电流。因此，插板超载，有发生火灾苗头。要从根本上避免上述危险的发生，可选择过载保护插板（如图 1-5-27 所示），当排插所承受的负荷超过它最大设计功率时，就会自动切断电源，从而使你的生活更加安全。

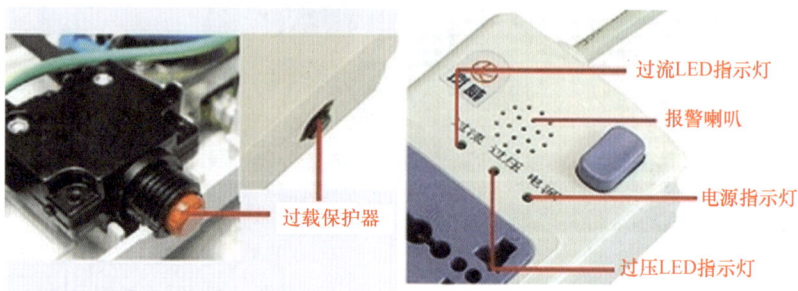

图 1-5-27　过载保护插板

过载保护插板产品特点如下。

a．超载断电。

b．防止插座在超负荷状态下运行，造成插座损坏或供电线路电线发热老化留下火灾隐患。

c．可恢复过载保护功能。

d．独立开关控制。

⑥ 移动插座应具有阻燃功能。可以想象，阻燃要求是极为重要的一项指标。如果插座的材料不阻燃，那么当遇到插板短路、打火、过压、过流就会导致起火，严重的会导致火灾事故。当然，高阻燃性能的塑料成本较普通塑料高 4～5 倍，而这是光凭肉眼无法鉴别的，因此，消费者应注意产品说明书的说明，购买时不要贪便宜。

⑦ 移动插板若在潮湿环境中工作时，应选择防水插板（如图 1-5-28 所示）。

图 1-5-28　防水插板

第六节　家庭常用电光源

家庭照明应根据具体场合的需求，选择好光源类型，确定合理的照明方式和配置，创造一个良好的、舒适愉快的视觉环境（如图 1-6-1 所示）是非常必要的。

1．了解家用电光源

什么是良好的照明质量呢？这需要从光通量、照度、色温和显色性等照明基础知识开始谈起。

（1）光通量定义

光通量是指光源每秒钟所发出的可见光量之总和，用字母 Φ 表示，单位为流明（lm）。

1 流明 =1 烛光的光源发出的光通量

其中，1 烛光定义为每小时燃烧 7.776 克标准烛所发出的光。

显然，光通量越大，人感觉的亮度也就越大。需要指出的是每种类型灯的光通量都是不同的，在产品说明书中都有记载。为便于读者的理解，表 1-6-1 和表 1-6-2 罗列了两类光源产品的光通量。由表 1-6-1 和表 1-6-2 的比较

图 1-6-1　家庭照明

可知，在同功率的条件下，节能灯的光通量比白炽灯要大 5 倍左右，节能效果十分显著。在一般情况下，人们常以白炽灯功率 1/5 的方法来选择节能灯功率的原因在此。

表 1-6-1　　　　　　　　　　　　　　　　某白炽灯的光通量

光源功率（W）	光通量（lm）	光源功率（W）	光通量（lm）	光源功率（W）	光通量（lm）
15	110	60	630	200	2 920
25	220	100	1 250	500	8 310
40	350	150	2 090	1 000	18 600

表 1-6-2　　　　　　　　　　　　　　　　某节能灯的光通量

光源功率（W）	光通量（lm）	光源功率（W）	光通量（lm）	光源功率（W）	光通量（lm）
5	200	11	700	24	1 500
7	350	13	800	32	2 100
9	500	18	1 200	40	2 700

（2）光效

光源每瓦电功率产生的光通量称为光效，单位：流明 / 瓦特（lm/W）。光源每瓦电功率产生的光通量越多，光效越高，亮度越大。光效是表征电光源将电能转化为光能效率高低的一个物理量，光效是鉴别和比较电光源技术性能优劣的重要参数，也是判断绿色照明的根据。

表 1-6-3　　　　　　　　　　　　　几种常见照明电光源光效参数

名　　称	参数（lm/W）
普通照明灯泡	6.5 ～ 19
反射型普通照明灯泡	13
节能灯	35 ～ 60
荧光灯	50 ～ 100
LED	80

由表 1-6-3 中可以看出，传统白炽灯属于低效光源，LED 灯等高效光源是将来的发展方向，是低碳经济的客观需求。

（3）照度

照度系指物体被照亮的程度，符号为 E，采用单位面积所接受的光通量来表示，单位为勒克斯（lx）。1 勒克斯等于 1 流明（lm）的光通量均匀分布于 lm^2 面积上的光照度。即

$$E=d\Phi/ds$$

$$1lx=1lm/m^2$$

不难理解，保持合适的照度，对人们的生活、学习都是有益的，在过于强烈或过于阴暗的光线照射下工作学习，会影响心情。

那么，什么是合适的照度呢？其实，这也是一个很难回答的问题，因为人们对节能的标准认识不一、生活习惯不同，还有灯具的应用场合不同，人们对什么是最合理的选择都会有所差异，表 1-6-4 给出一组参考照度的数据，仅作为读者的一个参考。

表 1-6-4　　　　　　　　　　　　住宅的照明标准数值

各类房间及厅室		参考平面及其高度	照明标准数值（lx）	R_a（显色系数）
客厅	一般活动	0.75m 水平面	100	80
	写字读书	0.75m 水平面	300	
卧室	一般活动	0.75m 水平面	75	
	枕边读书	0.75m 水平面	150	
餐　　厅		0.75m 水平面	150	
厨房	一般活动	0.75m 水平面	100	
	操作台	台面	150	
洗手间		0.75m 水平面	100	

注：0.75m 水平面即为一般书桌的高度。

由表 1-6-4 可知，不同的场合对照度有不同的需求。

根据照度的需求来选择灯具功率的方法有些复杂，民间往往采用一种估算的方法，表 1-6-5 给出了一组灯具安装功率的估算数据，供读者参考。

表 1-6-5　　　　　　　　　　　　灯具安装功率的估算数据

类　　型	参考安装功率 W（瓦）/m^2（平方米）	类　　型	参考安装功率 W（瓦）/m^2（平方米）
高档商店	20	家庭客厅	10
办公室	18	书房	8
旅店	15	厨房与餐厅	6
一般商店	12	卫生间	4

例如，某家庭客厅为 $18m^2$，那么安装功率则需 $10W/m^2 \times 18m^2=180W$，即要使该客厅达到标准的照度，需使用 180W 的白炽灯。若使用的是节能灯，则按白炽灯功率的 1/5 进行折算，即选用 $180W \times 1/5=36W$ 左右即可。

（4）色温

人们往往发现，灯具点亮时会有不同的颜色，这与灯具光源的色温系数有关。色温系数是指光波在不同的能量下，人们眼睛所感受到的颜色的变化。色温量化是以绝对零度（-273℃）为起点，将一绝对黑体加热，随着输入能量的增加，黑体进入可见光的领域。

即当温度升高至某一程度时，颜色由深红→浅红→橙黄→白→蓝白→蓝逐渐变化。显然，色温的高低影响着空间的气氛。例如，在 2 700K 时，原黑体发出的光和白炽灯一样，人们就定义白炽灯的色温为 2 700K。可见光领域色温的由低至高的变化，其外在颜色变化如图 1-6-2 所示。

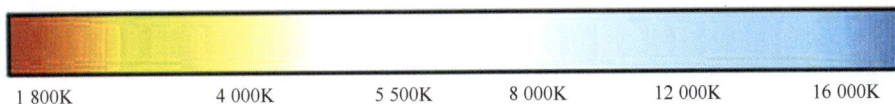

| 1 800K | 4 000K | 5 500K | 8 000K | 12 000K | 16 000K |

图 1-6-2　色温系数

一般认为，光源的色温，可划分为低色温、中色温、高色温 3 种类型。

低色温（2 700～3 500K）：含有较多的红光、橙光，给人以温暖，俗称暖色光。

中色温（3 500～5 000K）：所含的红光、蓝光等光色较均衡，给人以温和、舒适的感觉，俗称中性光。

高色温（5 000～7 000K）：含有较多的蓝光，给人以清冷明亮的感觉，俗称冷色光。

节能灯也有 3 种色温可供选择。人们可根据不同的需求来选择最合适的颜色灯管。例如，办公室一般选冷色光源，剧院一般选暖色光源，家庭夏天一般选冷色光源，冬天一般选暖色光源。为使读者能体会到选择灯具色温参数的感受，下面将自然光与人工光源效果的类比列表示出（如表 1-6-6 所示），供读者参考。

表 1-6-6　　　　　　　　　　　　自然光与人工光源效果的类比

色温（K）	自　然　光	人　工　光　源	颜　色
2 000	蜡烛		
2 700～2 800	日落前 30min	白炽灯泡	偏黄
2 700～3 000	上午 9 点左右	荧光灯	黄色（暖色光）
4 000～5 000	中午	荧光灯	白色中性光
6 200～7 200	晴空的光	荧光灯	日光色（冷色光）

人们通过实验后感觉到灯的色温会对人的情绪产生影响，采用 5 000～6 000K 色温的荧光灯更适宜人们平时的工作、学习和生活。

随着科学的发展和技术进步，稀土发光材料的开发应用和节能技术的拓展，如今，荧光灯大都采用了稀土三基色材料。所谓稀土三基色就是以三原色光学原理，将红（R）、绿（G）、蓝（B）3 种光色叠加起来，可人为设计出各种彩色的光，即采用灯用稀土红色、绿色、蓝色荧光粉，按一定的比例科学配置混合均匀后涂覆，制成不同色温的稀土三基色荧光灯，稀土节能荧光灯的光色由日光色到白炽灯色，色温由 2 700～7 000K，显色指数 R_a 均大于 80，有的产品显色指数 R_a 已接近 90，平均寿命也得到显著的提高。

（5）显色指数

① 自然光

若把自然光线通过棱镜折射在光屏上，可以看到光线被分解为紫、青、绿、黄、橙、赤等颜色，这种条纹图案反映了可见光的光色成分。通常，自然光不是恒定的（例如白天和夜晚、晴天与雨天）。因此，为了正确地表述颜色，专家们将"从日出后 3h 至日落前 3h，同时避开太阳直射光的北窗来的天空光"定义为标准光。

② 显色性

标准光中各种颜色是按一定的比例分布（光谱分布）的，若光源中的颜色成分不同于标准光，那么人们就会感觉物体的颜色失真了。

人们把光源对物体的显色能力称为显色性，例如青菜在日光下，呈现为绿色，但在夜间却显现黑色，说明光源的变化使人们对物体的颜色发生了不同的感受。为了表达这种感受，人们应用显色指数系数 R_a 来定义光源显色性的评价。

人们将基准光的显色指数 R_a 定义为 100，认为它能正确表现物质本来的颜色，显色性最好，R_a 越小显色性就越差，不同 R_a 的效果如图 1-6-3 所示。

显色指数 R_a=75   显色指数 R_a >95

图 1-6-3   显色指数的效果

每一种光源的 R_a 是不一样的，因此用户购买电光源时，应根据自己的需要选择 R_a，下面列表示意有关 R_a 参数意义，虽不严格，但可供读者作一参考（如表 1-6-7 所示）。

表 1-6-7   显色性示意

R_a	显 色 性	应 用 场 合	举　　例
90 ～ 100	好	讲究色彩显真性好的场所	摄像室
80 ～ 89	较好	需要正确体现色彩的场所	餐厅
60 ～ 79	一般	需要一般显色性的场所	客厅
60 以下	差	对显色性的要求较低，色差较小的场所	户外灯

（6）有效寿命和平均寿命

光源有效寿命一般定义为：光源从启辉点燃到光通量衰减至初始值的 70%。而平均寿命定义为：一批光源至 50% 的数量损坏时的小时数，一般节能灯品牌产品的平均寿命都标示在 8 000 ～ 10 000h 左右，实际上其有效寿命则远远低于平均寿命值，特别是非品牌产品寿命更低。

（7）频闪

光源频闪就是光源发出的光重复波动闪烁，频闪效果实质上是一种光污染，危害极大：其一，光源闪烁会使人们感到不舒服，对人的视觉系统产生刺激作用；其二，伤害青少年的眼睛，造成视力下降，近视眼增多。对于交流电源而言，消除频闪效应的技术措施，是提高驱动电光源发光体发光的频率，若灯具的工作频率在 40kHz 以上就能基本克服频闪效应。

现某些品牌产品，将点灯工作频率变频到 50 000Hz，从而消除了频闪现象，健康护眼。

（8）能效标识

能效标识是贴在用能产品标签上，表示产品的能源消耗量、能源效率等能源利用性能指标的信息标签（如图1-6-4所示）。能耗标识为蓝白背景的彩色标识，顶部标有"中国能效标识（CHINA ENERGY LABEL）"字样的彩色标签，要求粘贴在产品的正面面板上。目前我国的能效标识将能效分为1、2、3、4、5共5个等级，等级1表示产品达到国际先进水平，最节电，即耗能最低；等级2表示比较节电；等级3表示产品的能源效率为我国市场的平均水平；等级4表示产品能源效率低于市场平均水平；等级5是市场准入指标，低于该等级要求的产品不允许生产和销售。

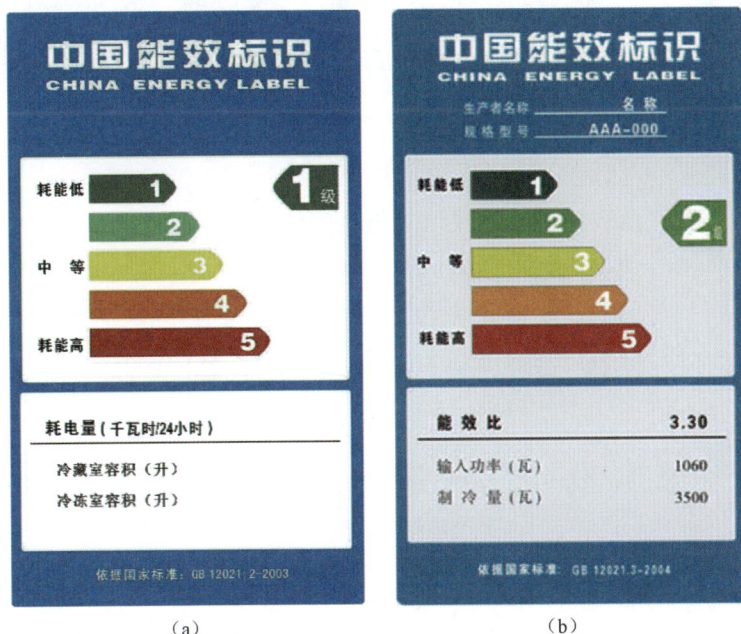

（a）　　　　　　　　　（b）

图1-6-4　中国能效标识

为了在各类消费群体中普及节能增效知识，能效等级展示栏用3种表现形式来直观表达能源效率等级信息：一是文字部分"耗能低，中等，耗能高"；二是数字部分"1、2、3、4、5"；三是色彩所代表的情感安排的等级指示色标，其中红色代表禁止，橙色、黄色代表警告，绿色代表环保与节能。

家用电器若没贴能效标识，往往都是耗能等级最大的，购买家电时务必注意。

（9）安全认证标志和节能认证标志

安全认证标志"CQC"，是对节能灯安全指标的验证。购买时认准节能认证标志："节"标志。没有认证标志的产品不要购买。认证标志如图1-6-5所示。

（10）灯头形式

家用光源灯头一般常用的有螺口

图1-6-5　节能认证标志

（E27）、小螺口（E14）和卡口（B22）等几种类型。其中，B：卡口灯头；E（爱迪生）：螺口灯头。其实物如图1-6-6所示。

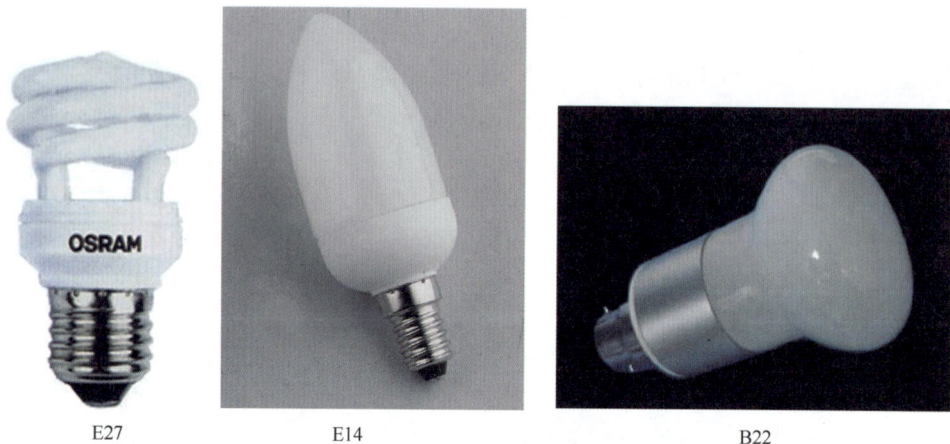

E27　　　　　　　　　E14　　　　　　　　　B22

图 1-6-6　几种常见的灯头外形

所谓螺口就是灯头通过螺旋的连接形式与对应的灯座相配合，从而与电源连接的一种连接方式；卡口就是灯与灯座的定位后，通过灯头上的两个触点与电源连接的一种连接方式。显然，螺旋方式是一种面接触，灯具和电源能够可靠接通，而卡口是一种点接触，接触电阻大。螺口的连接方式相对卡口而言，有可靠、安全等优点，字母后的数字表示灯头的直径。

某节能灯产品参数表，如表 1-6-8 所示。此表全面反映了节能灯的技术参数，罗列的目的是为了方便读者的理解，以方便对光源的选购。

表 1-6-8　　　　　　　　　　某节能灯产品参数表

产品型号	额定功率（W）	亮度相当于白炽灯（W）	电流（mA）	光　色	色温（K）	光通量（lm）	光效（lm/W）	显色指数（R_a）	平均寿命（h）	适用空间（m²）
YPZ22005SRD	5	25	37	白炽灯色	2 700	325	65	84	10 000	—
YPZ22005SRR				日光色	6 500	310	62			
YPZ22008SRD	8	40	60	白炽灯色	2 700	520	65	84	10 000	4
YPZ22008SRR				日光色	6 500	500	63			
YPZ22011SRD	11	60	85	白炽灯色	2 700	730	66	84	10 000	6
YPZ22011SRR				日光色	6 500	685	62			
YPZ22014SRD	14	75	100	白炽灯色	2 700	975	70	84	10 000	8
YPZ22014SRR				日光色	6 500	915	65			
YPZ22019SRD	19	100	140	白炽灯色	2 700	1350	71	84	10 000	10
YPZ22019SRR				日光色	6 500	1250	66			
YPZ22022SRD	22	125	165	白炽灯色	2 700	1550	70	84	10 000	12
YPZ22022SRR				日光色	6 500	1450	66			

2．家用电光源

（1）白炽灯

白炽灯是最常见的一种光源，以前普遍用于家庭。白炽灯又称钨丝灯，在额定电压下，电流通过灯泡内的钨丝，使其加热到白炽状态（2 200 ～ 3 000℃）而发出可见光。一般 40 W

及以下小功率的白炽灯,灯泡内为真空;40W 以上灯泡抽真空后充以氩、氨等惰性气体。常见的白炽灯泡如图 1-6-7 所示。

白炽灯有结构简单、使用方便、价格低廉、显色性好,易于控制等一系列的优点,但其发光效率低(仅有 6.5 ～ 19lm/W,约有 90% 电能转化为有害的热能和看不见的辐射光而丧失掉),寿命低(约为 1 000h),在倡导低碳经济绿色照明的今天已处于淘汰的边缘。

另外,灯丝的冷态电阻很小,灯丝的电阻和温度成正比,故启动电流很大,约为额定电流的 8 倍。一只 300W

图 1-6-7 白炽灯

的白炽灯其启动达 11A 之多,开灯瞬间易于烧断。基于白炽灯的上述缺点,现在室内安装的照明一般不采用白炽灯,但卧室床头灯、台灯式落地台灯有调光需求的位置使用白炽灯还是有优点的。根据笔者的经验,购买白炽灯也不能贪便宜,名牌产品的性价比要远高于一般品牌产品。

(2)日光灯

① 日光灯的识别与简介

日光灯的简介如表 1-6-9 所示。

表 1-6-9 日光灯的结构简介

日 光 灯		
实 物 图	示 意 图	说 明
 荧光灯灯管 启辉器	 (a)日光灯管的结构 (b)启辉器的结构	(1)组成结构 日光灯由灯管、启辉器和镇流器 3 个主要部件组成 ① 灯管由灯头、灯丝和玻璃管组成,如左图(a)所示。玻璃管的两端各装有一个由钨丝绕成的灯丝,灯丝表面涂有氧化钡,灯丝烧热后易发射电子。灯丝两端引在两极上,同外电路相接。灯管内涂有荧光粉,管内抽成真空,充少量汞气和氩气 ② 启辉器如左图(b)所示 ③ 镇流器由硅钢片芯及绕在铁芯上的电感线圈组成,如左图(c)所示。其作用为:在启动时限制预热电流,并在启辉器配合下产生瞬时 600V 以上高电压,促使灯管放电;在工作时限制流过灯管的电流,起镇流作用

日 光 灯		
实 物 图	示 意 图	说 明
 镇流器	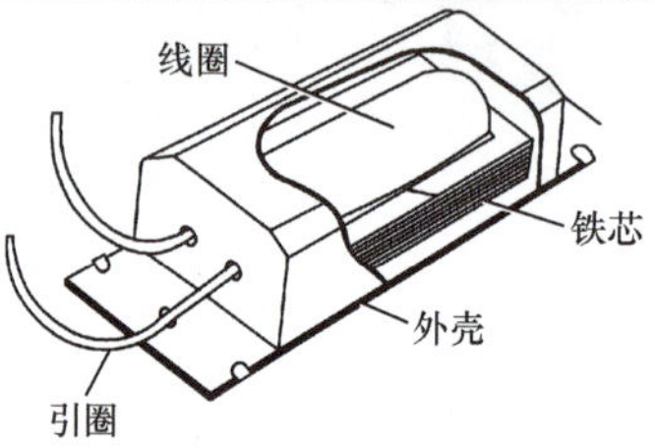 （c）镇流器的结构 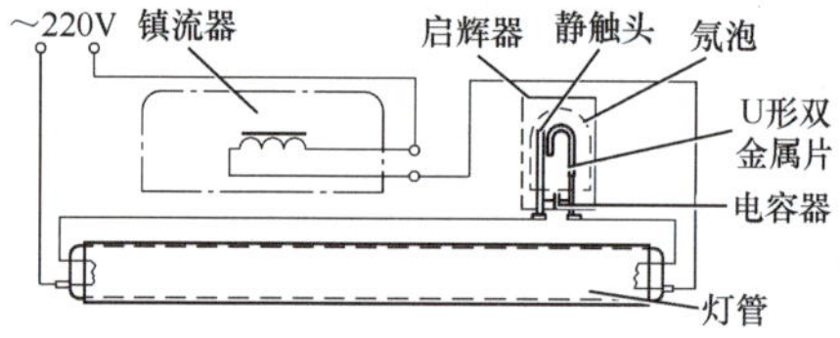 线圈　铁芯　外壳　引圈 ~220V　镇流器　启辉器　静触头　氖泡　U形双金属片　电容器　灯管 （d）日光灯的电路原理图	（2）工作原理 日光灯中的双金属片是将两种热膨胀系数不同的金属（镍铁合金和铜）用压延的方法贴合在一起而构成的，当双金属片受热时，就会因为两金属片伸长不一样而弯曲，其作用是自动控制阴极预热的时间，使电路接通和自动断开 接线原理如左图（d）所示。当接通电源后，电压加在启辉器的双金属片和静触点间，引起辉光放电。放电时产生的热量传到双金属片上，致使双金属片因受热点弯曲与静触点闭合，从而灯丝加热，电路接通 灯丝通过电流被加热到很高的温度，并发射电子，使灯丝附近的氩气游离，汞气化。双金属片与静触点接触后，辉光放电停止，双金属片冷却，离开静触点恢复原状。在触点断开的瞬间，在镇流器两端会产生一个很高的感应电动势，将管中的惰性气体电离，从而使大量电子从灯管中流过。荧光灯因为其光谱接近天然光，所以常称为日光灯。电子在运动中冲击管内的气体，发出紫外线，紫外线激发灯管内壁的荧光粉，发出类似荧光的可见光。荧光灯因为其光谱接近天然光，所以常称为日光灯

② 日光灯的故障处理

日光灯的故障处理如表 1-6-10 所示。

表 1-6-10 　　　　　　　　　　　　日光灯的故障处理

故 障 现 象	故 障 原 因	故 障 处 置
灯管完全不发光	① 灯座接触不良 ② 灯管灯丝烧断	① 将灯管与灯座接触好 ② 更换灯管
灯管两端闪跳，不能正常发光	① 气温太低 ② 灯管不好。日光灯用久了两头都会发黑，如果发现两头严重发黑就说明是灯管坏了 ③ 启辉器不好  直径为 1mm 短路线	取下启辉器，用短路线（如左图所示）短时间短接启辉器座端点，若灯管可以正常启辉，则可判断是启辉器问题，否则就是灯管问题

（3）节能灯

节能灯指的是三基色荧光灯，是 20 世纪 80 年代初从荷兰的飞利浦公司研制成功后传到中国的。一支 10W 节能灯的亮度可以达到 70W 白炽灯的效果，它和白炽灯相比可节约用电 70%，与日光灯相比可节约用电 30%，节能灯的光色柔和，给人带来舒适的感觉，更由于节能灯体积小、寿命长、光效高、节能明显，从而受到人们的普遍欢迎。

要特别强调的是，使用电感镇流器的普通日光灯使用的是 50Hz 的交流电，闪烁现象很严重，而使用电子镇流器的节能灯供电频率在灯具内已转换高频信号，闪烁现象大为降低。和一般日光灯一样，节能灯使用时不宜频繁开启。开启时的电冲击极易损坏灯具。另外，一般节能灯不宜使用在调光灯具中。

目前常见的节能灯有如下几种。

① 直管荧光灯

a．直管荧光灯外形如图 1-6-8 所示。

图 1-6-8　三基色直管荧光灯

为方便安装、降低成本和安全起见，许多直管形荧光灯的镇流器都安装在支架内，构成自镇流型荧光灯，如图 1-6-9 所示。

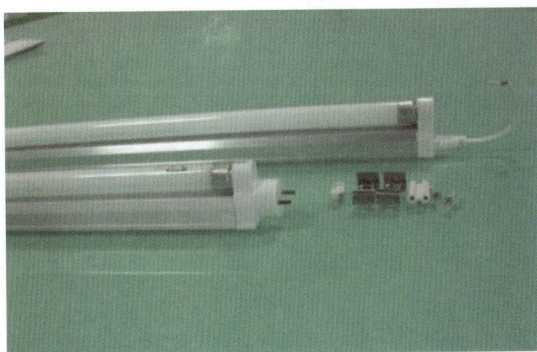

图 1-6-9　自镇流型荧光灯

支架节能灯是一种将自镇流器安装在铝合金框架里的一体化灯具，由于其性能稳定，长寿命，低温启动性能优异，能够有效抑制对电网和电器设备使用的电磁干扰。

b．直管型荧光灯数据如表 1-6-11 所示。

表 1-6-11　　　　　　　　　　　　　直管型荧光灯一般数据

型号	额定电压（V）	功率（W）	平均寿命（h）	外形尺寸（直径 × 长度）（mm）
YZ6RN	220	6	1 500	$\phi 16 \times 226.7$
YZ6RL				
YZ8RR		8		$\phi 16 \times 302.4$
YZ8RL				
YZ15RR		15	3 000	$\phi 16 \times 451.6$
YZ15RL				
YZ20RR		20		$\phi 16 \times 604.1$
YZ20RL				

产品型号的意义：Y——荧光灯；RR——白色；Z——直管型；RL——冷白色；数字——瓦数；RN——暖白色。有些产品将规格印在灯管的头部。

c. 直管荧光灯按管径大小分类。

直管型荧光灯管按管径大小分为：T3、T4、T5、T6、T8、T10、T14 等多种规格。规格中"T+数字"组合，表示管径的毫米数值。其含义：一个 T=1/8 英寸（1 英寸 =2.54 厘米），1in 为 25.4mm；数字代表 T 的个数。如 T5=25.4×1/8×5 ≈ 16mm、T12=25.4×1/8×12 ≈ 38mm。

举例：某荧光灯的型号为 YZ12RR13，其中，13 为灯管的直径，即为 13mm，通过换算灯管径为 T4。

对于一般用户而言，比较常用的是（如图 1-6-10 所示）T10、T8、T5 这 3 种规格。

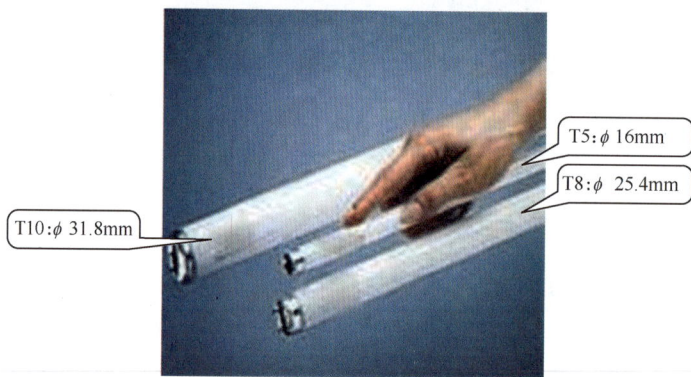

图 1-6-10　T10、T5、T8 灯管

其中，T5 直管型支架节能灯品种丰富，主要表现在灯的瓦数、灯管的长度、安装尺寸、灯管的颜色和色温等方面，购买者应根据家居照明的不同场合来仔细选择。

② T8 转 T5 荧光灯

在 2000 年以前，中国的家庭、学校及其商店普遍采用的照明灯具是 T8 型电感镇流器的日光灯，数量极其庞大。由于电感镇流器存在噪声大、耗能大、重量大，对其他电器干扰严重及其组成的日光灯频闪现象严重，因此淘汰此类产品势在必然。随着近几年 T5 光源的迅速发展，因此将传统 T8 电感灯具进行改造就意义重大了。

T8 转 T5 荧光灯是替换原有的 T8 电感式日光灯的产品。T8 转 T5 荧光灯及灯头如图 1-6-11 所示，其本质上是 T5 电子节能支架，只是在二头结构有变化，在使用时只需要把从前的 T8 日光灯取下，同时要把启辉器取下，换上 T8 转 T5 灯头再装上 T8 转 T5 相应长短的节能灯管就行了。

(a) T8转T5安装图　　　　(b) T8转T5灯头

图 1-6-11　T8 转 T5 节能灯

T8 转 T5 节能灯产品相对应规格如下：

a. T8 的 18/20W 对应 T8 转 T5 节能灯的 14W；

b. T8 的 30W 对应 T8 转 T5 节能灯的 21W；

c. T8 的 36/40W 对应 T8 转 T5 节能灯的 28W；

d. T8 的 55/58W 对应 T8 转 T5 节能灯的 35W。

鉴于单管支架型节电荧光灯采用国际公认的第三代荧光灯作为光源，节能显著，T8 转 T5 是低碳经济的必然选择，对大型单位（学校、商场）而言更是具有很大的经济价值。

例如，某大型商场共有 3 000 只照明装饰灯，每天使用 20h 的电费计算如下。

原 T8 日光灯 40W，实际功耗 40W+10W（镇流器）=50W，

3 000 只 ×50W/ 只 ×20 小时 ×30 天 ×12 月 =1 080 000 000W/h=1 080 000kW·h，

年用电费用 1 080 000 度 ×1 元 / 度 =108 万元。

替换型 T5 节能支架灯，实际功耗 26W，

3 000 只 ×26W/ 只 ×20 小时 ×30 天 ×12 月 =551 600 000W/h=551 600kW·h，

年用电费用 551 600 度 ×1 元 / 度 =55.16 万元。

③ 选购直管荧光灯的要点

a. 注意灯管发光颜色的选择。

直管荧光灯发光颜色有如下类型。

RR：日光色　　RB：白色　　RD：白炽灯色

RN：暖白色　　RL：冷白色 RZ：中性白色

b. 应采用细管径（管径≤26mm）灯管，即 T8、T5 等类型，灯管越细，相对节能效果越好。

c. 应采用三基色荧光灯，不应再选用卤粉荧光灯。三基色灯管具有光效高、显色好、寿命更长的优势。虽价格贵一些，但由于节能效果好，长远看来是划算的。

d. 购买带有产品安全认证和节能标记的产品。

e. 看外观，如：灯脚是否松动，灯管荧光粉涂层应当晶莹洁白。

f. 选购时，可通电点亮灯管看灯管发光是否正常均匀，灯管应无明显黑斑，发光体无闪烁。

④ 环形荧光灯

环形荧光灯有光源集中、照度均匀及造型美观等优点，除形状外，环形荧光灯与真管形荧光灯没有多大差别。常见标称功率有 22W、32W、40W。主要提供给吸顶灯、吊灯等作配套光源。环形荧光灯外形如图 1-6-12 所示。

环形荧光灯一般数据如表 1-6-12 所示。

图 1-6-12　环形荧光灯

表 1-6-12　　　　　　　　　　　　　　环形荧光灯一般数据

型　号	额定电压（V）	功率（W）	平均寿命（h）	外形尺寸（mm）
YH20RR		20	1 000	ϕ227
YH30RR	220	30	2 000	ϕ308
YH40RR		40		ϕ397

⑤　螺管节能灯

这种荧光灯的灯管、镇流器和灯头紧密地联成一体（镇流器放在灯头内），一般不能拆，往往又被称为"紧凑型"荧光灯。现在市场上的节能灯大多是紧凑型，插口与白炽灯完全统一。

a．节能灯外形规格

节能灯因灯管外形不同，分为 U 形管、螺旋管和直管形 3 种。

（a）U 形管节能灯

若灯管的形状为 U 形，那么 2 根灯管就是 2U，3 根就是 3U。2U、3U 节能灯，管径为 9 ～ 14mm，功率一般为 3 ～ 36W，主要用于民用和一般商业环境照明。另外，节能灯也可以做成许多异形。几种紧凑型荧光灯的外形结构如图 1-6-13 所示。

（a）不可调光的节能灯

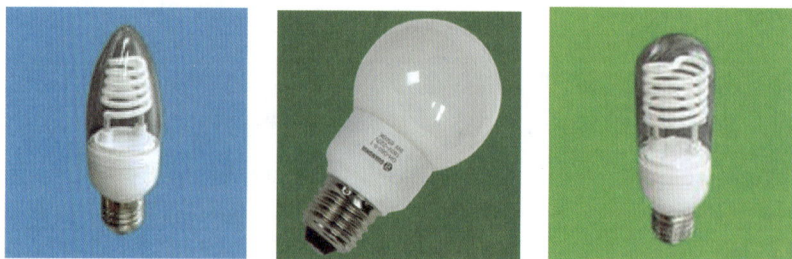

（b）可调光的节能灯

图 1-6-13　紧凑型节能荧光灯

需要说明的是，一般节能灯是不能调光的，但在国内外一些科技人员的努力下，市场上也推出了一些可调光的紧凑型节能灯，需求者可上网搜寻。

（b）螺旋管节能灯

螺旋灯管直径，分 ϕ9mm、ϕ12mm、ϕ14.5mm、ϕ17mm 等。螺旋环圈（用 T 表示）数有：2T、2.5T、3T、3.5T、4T、4.5T、5T 等多种，功率有 3 ～ 240W 等多种规格。

节能灯做成螺旋状的作用是：增加节能灯灯管的表面面积，使节能灯能发出更多的光。即灯管直径相同、高度相同的节能灯，螺旋形的出射光量要远远大于直管形。

b．紧凑型节能荧光灯的一般数据（如表 1-6-13 所示）

表 1-6-13　　　　　　　　　　　　　　紧凑型节能荧光灯技术数据

型号	额定电压（V）	功率（W）	平均寿命（h）	外形尺寸（长 × 宽 × 厚）（mm）
2D	220	10	6 000	112×115×15
		16		138×141×15
		28		205×207×24
2U	220	8	6 000	77×27.3×27.3
YDN7-2U	220	7	≥ 3 000	97×26.3
YDN9-2U		9		103×26.3

产品型号的意义：Y——荧光灯；D、2D、2U——表示灯管的形状；N——内启动、不需外接镇流器；数字——瓦数。

紧凑型荧光灯与各种类型的灯具配套，可构成造型新颖别致的台灯、壁灯、吊灯、吸顶灯和装饰灯，适用于家庭、宾馆、办公室等照明之用。另外，荧光灯功率的选择应根据照明空间的大小来加以选择。

c．节能灯的选购

（a）选购有认证标志的产品

（b）检查节能灯外观

一看灯头、灯管是否松动；二看灯管发光是否均匀，灯管应无明显黑斑，发光体无闪烁现象。

（c）读懂节能灯产品的型号说明

如果节能灯产品标明型号为：YPZ230/9-3U.RR.D6500K，其中，YPZ 代表普通照明用自镇流荧光灯（节能灯），230/9 表示额定电压 230V、额定功率 9W，3U 表示灯的结构（由 3 个 U 形灯管组成），RR 表示灯的发光颜色，D 表示电子式自镇流，6 500K 表示相关色温或用中文表示成日光色。一般节能灯产品标注前 3 项的较多。读懂节能灯的型号说明有助于购买你需要的产品。

（d）注意灯头的直径

节能灯常用的灯头有 E14、E27 两种口径，购买时不要买错。另外，需提醒的是要仔细阅读说明书，有助于正确使用节能灯，还可以了解更多的有关产品的其他一些性能。绝不要贪图便宜买次品。

（4）LED 灯

LED（Light Emitting Diode）是发光二极管英文的简称，它是一种半导体固体发光器件。当有电流流过时，LED 能直接发出某种颜色的光。LED 照明产品就是利用 LED 作为光源制造出来的照明器具。LED 具有超低功耗（单管 0.03 ～ 0.06W）、高节能（相同照明效果比传统光源节能 80% 以上）、寿命长、（可达 6 万～ 10 万小时，比传统光源寿命长 10 倍以上）、无污染（属于典型的绿色照明光源）。

LED 作为第四代照明光源或绿色光源，目前已广泛用于各种指示、显示、装饰、背景光源和普通照明。产品包括小功率 LED 灯、大功率 LED 灯、LED 日光灯、LED 灯泡、LED 手电筒、LED 灯带等。

LED 照明能否发展的关键在于价格，目前的 LED 照明灯具的价格仍然较高。

① LED 灯带

LED 灯带是指把 LED 组装在带状的 FPC（柔性线路板）或 PCB 硬板上，因其产品形状像一条带子而得名，LED 灯带实物如图 1-6-14 所示。

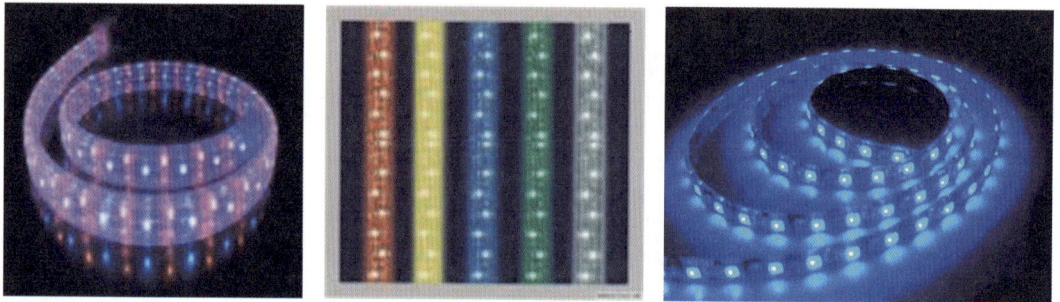

图 1-6-14　LED 灯带

a．灯带的分类

LED 灯带分为柔性 LED 灯带和 LED 硬灯条两种。柔性 LED 灯带可以任意弯曲、折叠、卷绕，同时灯带也可以任意剪断或加长，故而适合于不规则的地方和空间狭小的地方使用，也因其可以任意的弯曲和卷绕，故适合于在装饰中任意组合各种图案。

LED 硬灯条是用 PCB 硬板做组装线路板，硬灯条的优点是比较容易固定，加工和安装都比较方便。

b．灯带安装方法

（a）灯带的功率。

灯带规格有圆二线、扁三线、扁四线、扁五线几种，示意如图 1-6-15 所示。

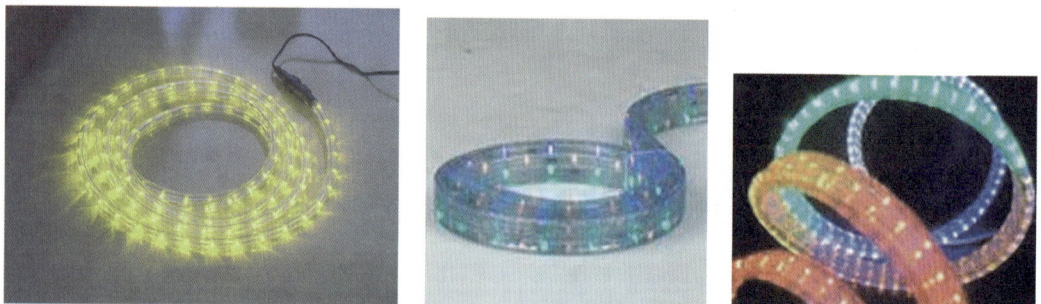

（a）圆二线　　　　　　　　（b）扁四线　　　　　　　　（c）扁五线

图 1-6-15　灯带的规格

例如，扁四线灯带共有 4 根导线，其中 1 排回线 3 排灯，每排 1 米 24 灯，24×3=72。因每颗灯珠（发光二极管）的功率是 0.05W，72 珠灯带每米消耗的功率是：72×0.05=3.6W，若使用 2 米规格的灯带，则消耗 3.6W×2=7.2W。显然不同类型的灯带功率不一样。下面罗列几种类型的灯带功耗供读者选择，购买时注意与灯带电源的配合（如表 1-6-14 所示）。

表 1-6-14　　　　　　　　　　　　　LED 灯带功率消耗

类　　型	规　　格	功率消耗
圆二线	20 粒 / 米、23 粒 / 米、25 粒 / 米、30 粒 / 米、36 粒 / 米	4 W/m
扁三线	40 粒 / 米、46 粒 / 米、50 粒 / 米、60 粒 / 米、72 粒 / 米	5W/m
扁四线	60 粒 / 米、69 粒 / 米、75 粒 / 米、90 粒 / 米、108 粒 / 米	5.5 W/m
扁五线	80 粒 / 米、92 粒 / 米、100 粒 / 米、120 粒 / 米、144 粒 / 米	7 W/m

（b）注意灯带的剪断位置。

灯带上每米都有"剪刀"标记，只能在标记处剪断，否则剪错或剪偏会导致一米灯带的浪费！灯带剪断示意如图 1-6-16 所示。

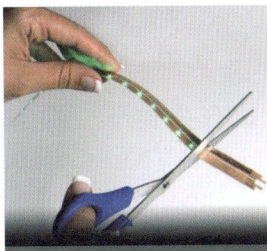

图 1-6-16　灯带剪断处

（c）每条灯带必须配一个专用插头（有额定的功率），实物如图 1-6-17 所示。

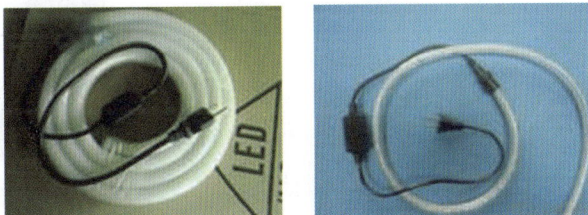

图 1-6-17　LED 灯带电源

（d）灯带安装时，一般放在灯槽里，摆直就可以了，也可以用细绳或细铁丝固定。如需外装或竖装，需要另购卡子及尾塞。

② LED 节能灯

LED 节能灯是用高亮度发光二极管发光源，其实物如图 1-6-18 所示。

LED 节能灯有如下几个特点。

a．节能、白光 LED 的能耗仅为白炽灯的 1/10，节能灯的 1/4。

b．寿命一般长达几万小时以上，对普通家庭照明可谓"一劳永逸"。

c．固封状态，不怕振动。

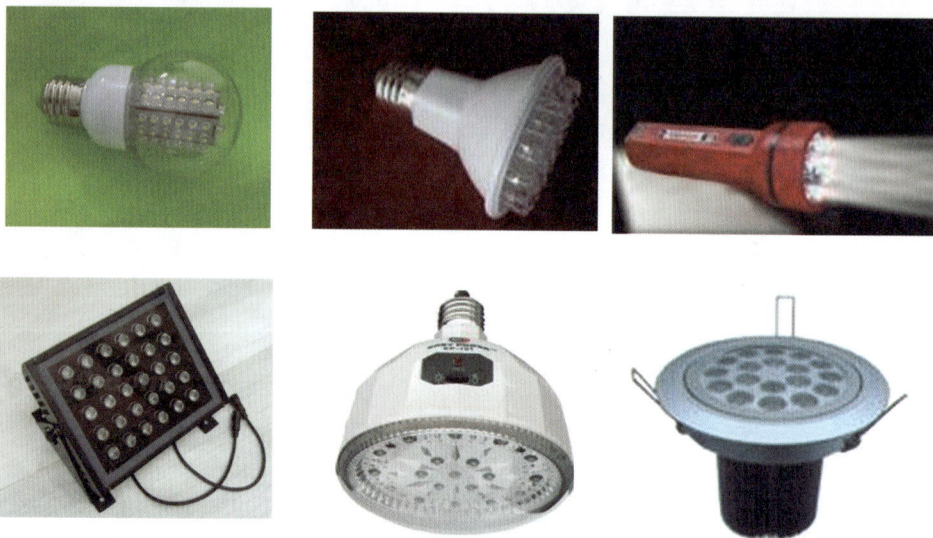

图 1-6-18　LED 节能灯

③　LED 日光灯

LED 日光灯如图 1-6-19 所示。

LED 日光灯是采用超高亮白光作为发光光源。LED 日光灯与传统的日光灯在外形尺寸口径上都一样，长度有 60cm 和 120cm、150cm 这 3 种，其功率分别为 10W、16W 和 20W。

LED 日光灯分电源内置和外置两种，电源内置的 LED 日光灯安装时，将原有的日光灯取下换上 LED 日光灯，并将镇流器和启辉器去掉，让 220V 交流电直接加到 LED 日光灯两端即可，电源外置的 LED 日光灯一般配有专用灯架，则需更换原套的日光灯及其装置。

LED 日光灯和普通日光灯比较，优点是显著的，大致有如下几点。

（a）灯具环保

传统的日光灯中含有大量的水银蒸汽，如果灯管破碎，水银污染很大。但 LED 日光灯不使用水银，环保作用显著。

图 1-6-19　LED 日光灯

（b）发光效率高

传统灯具会产生大量的热能，而 LED 灯具则是把电能全都转换为光能，发光效率高。

（c）没有噪声

LED 灯具不会产生电感镇流器发出的噪声，适合于希望安静的人们使用。

（d）无频闪现象

传统的日光灯使用交流电，所以会产生频闪现象。LED 灯具是把交流电转换为直流电后点灯，因此不会产生闪烁现象。

（e）适用电压不稳的用户

传统的日光灯，当电源电压不稳时会闪烁。而 LED 灯具是在一定范围的电压之内都能

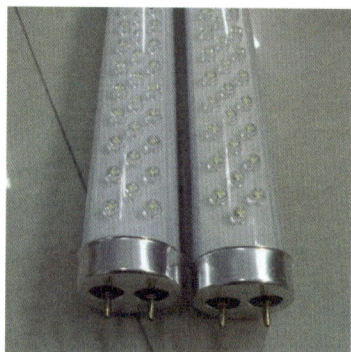

稳定点亮，适用于电压不稳的场合。

（f）节省能源，寿命更长

LED 日光灯的耗电量是传统日光灯的 1/3 以下，寿命是传统日光灯的 10 倍。

（g）接线、维护简单

与普通的荧光灯相比，LED 日光灯无须镇流器，无须启辉器，接线和维护更加简单。

（h）无紫外线，蚊虫很少

LED 灯具不会产生紫外线，对夏季蚊虫缺少吸引力。

但不可否认的是，LED 日光灯价格还是贵了一点，光的品质还有待提高。

（5）卤素灯泡

卤素灯泡如图 1-6-20 所示。

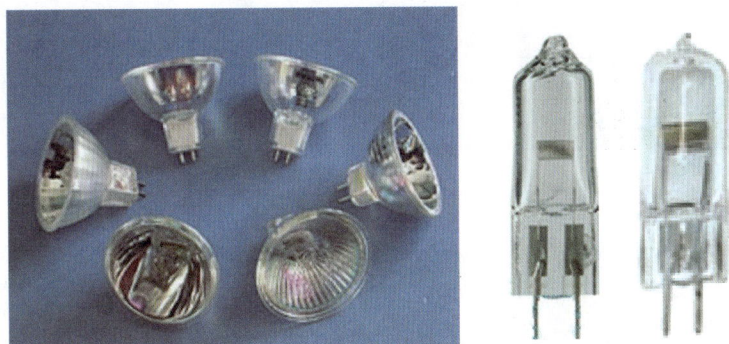

卤素泡　　　　　　　　　　石英泡

图 1-6-20　卤素灯泡

卤素灯泡也叫石英灯泡。它的泡壳是石英材料。目前卤素灯泡较为流行，特别是光照源需要集中的场合，例如家居的射灯，经常会使用卤素灯泡。卤素灯泡与其他白炽灯的主要差别在于，卤素灯的玻璃外壳中充有一些卤族元素气体，由于一系列理化作用的缘故，白炽灯丝的使用寿命得到了大大延长，同时得到了更高的亮度、更高的色温和更高的发光率。

由于卤素灯泡体积小，运作时温度非常高，因此其泡壳需要采用熔点更高的石英玻璃。

基于石英玻璃的特性，如果玻璃管壁上沾染了油污（例如用手触摸灯泡的玻璃壳），将会影响灯泡的寿命，需要用酒精进行清除后才能使用。

第七节　家庭常用灯具

现在许多人在策划新居的时候，已不再把"灯"单纯定义为照明了。他们需要用不同风格、不同颜色、不同质地的灯，来美化自己的生活，来表达自己对生活及其美的理解和追求。因而，灯具变得五彩缤纷，灯具市场也因此走向繁荣。

1．灯具按安装方式的分类

（1）吸顶灯

吸顶灯是直接固定在顶棚上的灯具，由于紧靠屋内顶部安装，灯具好似吸附在屋顶上，故名吸顶灯。吸顶灯占用空间小，多用于门厅、走廊、厨房、卫生间及卧室。由于吸顶灯具有整体照明的概念，因此对其选择尤为重要。

① 吸顶灯的造型

吸顶灯的造型千姿百态，有圆形、方形、三角形、多边形、组合图形，示意实物如图 1-7-1 所示。

图 1-7-1　吸顶灯的不同造型

② 吸顶灯的光源

一般低档的吸顶灯使用的光源多为白炽灯和日光灯，白炽灯的缺点前有所述，一般日光灯存在着以下缺点。

a．显色性差。

b．灯管色温高，光线惨白，有阴冷潮湿的感觉。

c．寿命短，使用成本高。

而品牌吸顶灯，使用的光源都是真正的三基色灯管，有以下优点。

a．发光效率增高，灯光更加明亮。

b．显色性好。

c．色温可选择。

d．寿命长，一般都可高到 10 000h。

吸顶灯的功率有大有小，一般而言，大客厅（30m² 左右）主照明选择 72W，小客厅（15m² 左右）或卧室选择 32W。吸顶灯有带遥控和不带遥控两种。带遥控的吸顶灯开关方便，适合于卧室使用。一般单荧光灯不能调光，但有某企业"未来光"品牌产品利用高科技技术已实现 25% ～ 100% 的无级调光。

③ 电子镇流器

吸顶灯罩内有镇流器和荧光灯管，如图1-7-2所示。镇流器有电感镇流器或电子镇流器之分。

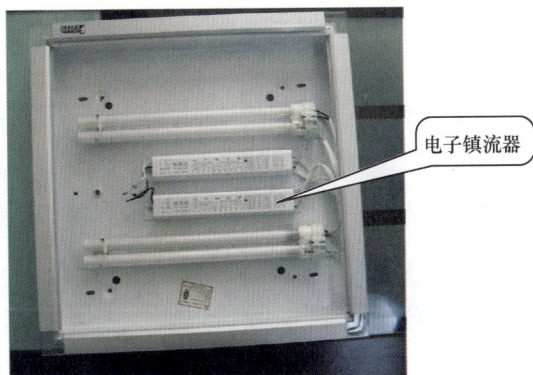

图1-7-2 吸顶灯罩内设备

与电感镇流器相比，电子镇流器启动快、升温小、无噪声、体积小、重量轻、耗电量小，省去了启辉器，通过提高电流频率的方法减轻了日光灯的闪烁现象，所以品牌吸顶灯都选择电子镇流器。此外，有些品牌吸顶灯企业独自设计的镇流器使其具有防雷击保护、灯管寿命末期保护、灯管前期预热（0.8s）等功能，极大地延长了灯管的寿命。

④ 吸顶灯灯罩

吸顶灯灯罩的材料大致有玻璃、ABS、PC、PS、PVC等多种材料，还有亚克力和丙烯树脂等相对高档的材料。其中，亚克力材料具有韧性好、阻燃性强等优点，使用十余年后，灯罩也不变色。一些低档灯罩常采用ABS塑料制成，虽然外表与亚克力灯罩相似，但其韧性和阻燃性都较差，受热容易变形、变色。现在一些品牌产品采用丙烯树脂材料，使吸顶灯的质量上了一个大台阶，其主要优点如下。

a．透光率高。

几种常用灯罩材料的透光率如表1-7-1所示，由表可知树脂的灯罩透光率最高。

表1-7-1　　　　　　　　　　　几种材料的透光率

材　料	透光率 %
透明玻璃	83
磨砂玻璃	60～70
成型板玻璃	60～70
白色半透明塑料	30～50
第三代亚克力	60～75
透明丙烯酸树脂	70～90

b．环保材料，点灯无异味。

c．工艺先进，真空成形、超薄。

d．防静电处理、不易染尘。

e．经紫外线处理、不易变色。

总之，优良的灯罩应具有柔韧性好、透光率高、阻燃性好、点灯无异味、经久耐用且不变色等优点。而劣等产品使用几个月就变暗发黄，令人后悔不已。

⑤ 三防吸顶灯

三防吸顶灯实物如图 1-7-3 所示。

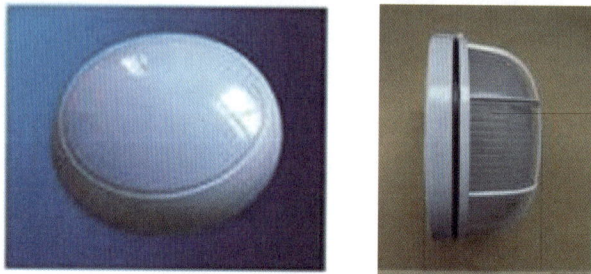

图 1-7-3　三防吸顶灯

现在许多家庭都在浴室里安装吸顶灯，洗澡时水汽渗入灯罩内部，极易造成内部电路漏电且接线端子生锈。市场上有一种防潮、防虫、防雾的三防吸顶灯，适合浴室及厨房使用，选购此类灯具时，应注意以下几点。

a．密封是防水汽侵入的关键

要防止水汽进入，灯具的密封性尤为重要。三防吸顶灯和普通吸顶灯的区别在于，它通过增加密封条来确保其良好的密封性能。消费者购买时，应当旋转打开灯罩，检查内部边缘是否有一圈密封条。好的灯具甚至有两圈密封条，一圈在灯罩内边缘，另一圈在灯具底部。

b．五金件材料不容忽视

三防吸顶灯采用铜螺丝，而杂牌灯具往往采用铁螺丝或镀铜螺丝（可用磁铁石试），一旦螺钉遇水生锈后，灯具的底座铁皮和顶面固定不牢，容易脱落。另外，品牌吸顶灯的底座一般采用冷轧钢板，并经过喷塑处理，机械强度高、抗冲击、耐腐蚀。

最后要强调的是，吸顶灯一定要采用三基色荧光粉灯管，因为其色彩还原性强，节能性也好，有效寿命长。而一些杂牌灯具往往采用卤素粉灯管，这种灯管虽然比三基色灯管便宜很多，但使用不久后就会出现灯管发暗现象。

根据三基色灯管的显色性能好的原理，辨别三基色荧光灯管还是卤素灯管的方式很简单，选购时将手掌置于灯管下方，如你的手掌保持肉色，则灯管为三基色灯管；若手掌显苍白色，则为卤素灯。

（2）壁灯

顾名思义，壁灯就是安装在墙壁上的灯，壁灯是一种辅助光源。

家装安装壁灯的款式规格要与安装场所协调，如大房间可以安双头壁灯，小房间可安单头壁灯。

壁灯的色调和样式也要与安装地点环境相协调。壁灯安装高度应略超过视平线 1.8m 左右，壁灯的照度也不宜过大。

壁灯的种类和样式较多，可满足不同的场合、不同情趣人们的需求。几种壁灯的实物如图 1-7-4 所示。

选购壁灯时在注意灯具的造型、材质的同时，还应注意灯的支架应不易氧化和生锈。

（a）现代壁灯

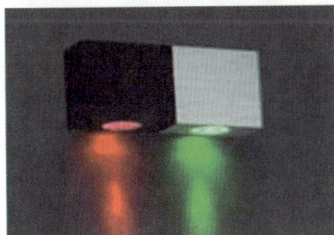 

（b）LED壁灯

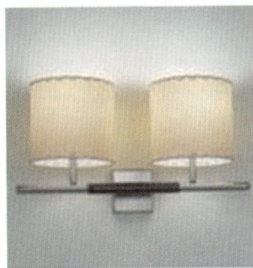 

（c）床头壁灯

（d）水晶壁灯

（e）中式壁灯

图 1-7-4 壁灯

（3）射灯

射灯是一种高度聚光的灯具。射灯发出集聚的光线直接照射在需要强调的家什器物上，以突出环境主题，烘托气氛。射灯作为一种装饰光和辅助光，能为居室增添艺术的效果，射灯种类繁多，示意如图 1-7-5 所示。

图 1-7-5　射灯

一般家用的射灯用的是石英灯泡（灯珠），但现在多种高亮的 LED 射灯正在大量的涌现。一般家庭用射灯的功率有：1.8W、3.5W、4W 等种类，使用电压也有 DC/AC12V、24V、110/220V 多种类型，如用户选择交流 12V 的射灯灯泡，射灯要搭配变压器使用。射灯变压器实物如图 1-7-6 所示，变压器参数已十分明确地写在其外壳上。

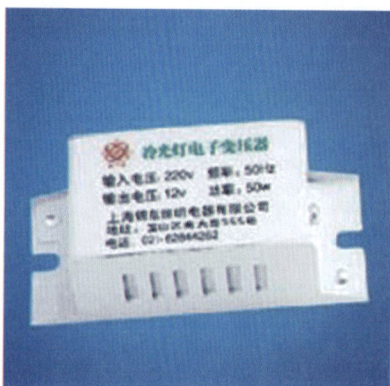

图 1-7-6　射灯变压器

（4）筒灯

筒灯是一个螺口灯具，可以直接装上白炽灯或节能灯的灯具。筒灯一般装设在卧室、客厅、卫生间的周边天棚上。这种嵌装于天花板内部的隐置性灯具，所有光线都向下投射，是一种辅助照明灯具，且光源方向是不能调节的。筒灯不占据空间，如果想营造温馨的感觉，可试着装设多盏筒灯。筒灯的实物如图 1-7-7 所示。

节能灯的色温可供选择，有 2 700K（黄光）、4 000K（中性光）、6 700K（白光）的多种类型，巧妙运用可以营造出不同的空间气氛。用户可根据自己的需求来选择最合适的颜色灯管。

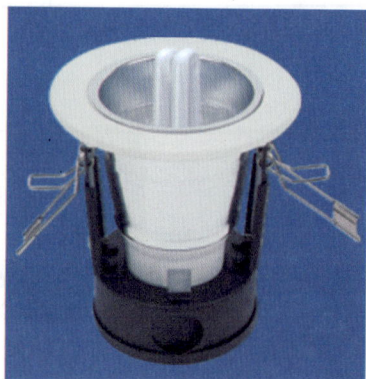

图 1-7-7　筒灯

筒灯的主要问题出在灯泡接口处，有的杂牌筒灯的灯口不耐高温、易变形，时间长了会导致灯泡拧不下来。现在，所有灯具只有通过 3C 认证后才能销售，消费者应选择通过 3C 认证的筒灯。

筒灯产品的使用说明举例如下。

某筒灯灯体上有 220V 50Hz E27 Max25W 的印刷字，其意义是指该筒灯的工作电压为 220V，细螺口灯头，灯泡最大瓦数不能超过 25W。根据以上建议使用 12W 及其以下的灯泡，以保证安全。

家用筒灯一般有大（5 英寸）、中（4 英寸）、小（2.5英寸）3 种。从应用位置看，筒灯一般都被安装在天花板内，一般吊顶需要在 150mm 以上才可以装。

购买筒灯时，应买品牌产品，最好是先买灯后开孔，如果木工已经开孔，那么就只好按孔径的大小买灯了。

鉴于筒灯安装在吊顶内，空间密闭，因此安装时要注意防水、防潮、防湿、防燃。

筒灯的安装效果图如图 1-7-8 所示。

图 1-7-8 筒灯的安装效果图

（5）吊灯

吊灯是一种直接垂吊在顶棚上的灯具，分单头吊灯和多头吊灯，前者多用于卧室、餐厅；后者用在客厅。几种吊灯的实物如图 1-7-9 所示。

（a）单头吊灯

（b）多头吊灯

图 1-7-9 吊灯

吊灯的种类很多，大致有以下 4 种不同的风格。

① 中式吊灯

几种中式风格的吊灯实物如图 1-7-10 所示。

图 1-7-10　中式吊灯

② 欧式吊灯

几种欧式风格的吊灯实物如图 1-7-11 所示。

图 1-7-11　欧式吊灯

③ 水晶吊灯

几种水晶吊灯的实物如图 1-7-12 所示。

图 1-7-12　水晶吊灯

　　水晶灯饰起源于欧洲 17 世纪中叶，水晶灯因其能给房间带来雍容华贵的气息，如今也被众多消费者所喜爱。水晶灯由灯具本体并挂配水晶垂饰而组成，水晶灯在光源的照射下熠熠生辉，高贵华丽。水晶灯之所以能够璀璨闪烁是因为光线通过晶莹透亮的水晶球折射出瑰丽色彩的结果。

　　由于天然水晶价值昂贵，且资源严重不足，现在水晶灯上的水晶基本属于人工合成制品，或者说大多都是有机玻璃制品。需要着重提及的是：崭新的水晶灯能使房间体现与众不同的高雅和华丽，但如果时间长了，水晶球上会积纳许多尘埃，水晶的折光率就会大大降低，因此清洗保养也是延长水晶灯寿命、保持色泽亮丽的一个关键。另外，一般高档的金属配件多为电镀 24K 金，这种镀金件几年都不会变色，低档的则达不到这种效果，一般两三个月便会失去原来的色泽。低档的水晶灯使用一段时间后，就会黯然失色，支架出现锈迹，透光率下降，令人产生不快，这一点购买者需要仔细思量。

　　④ 时尚吊灯

　　几种时尚吊灯的实物如图 1-7-13 所示。

图 1-7-13　时尚吊灯

　　如今，时尚吊灯以其高雅的品位、独特的风格、新颖的设计引导着吊灯发展的潮流，得到了时尚青年们的推崇。

　　⑤ 吊灯的选购

　　吊灯选购时，一般注意以下几点。

　　a. 吊灯的光源一般使用节能灯，但水晶灯使用白炽灯折光效果最好。

　　b. 不要选有电镀层的吊灯，时间长了易掉色。

　　c. 不要选太便宜的吊灯，否则机械强度不够，安全性能不好。

　　d. 选择带分段控制开关的吊灯，即有部分亮灯的功能。

（6）落地灯

以地面为支撑的高支架光源被称为落地灯，几种落地灯的实物图如图 1-7-14 所示。

（a）直照式落地灯

（b）上照式落地灯

图 1-7-14　落地灯

落地灯一般布置在客厅与沙发、茶几配合使用。落地灯分为直照式落地灯 [如图 1-7-14（a）所示] 和上照式落地灯 [如图 1-7-14（b）所示]。

上照式落地灯的光线照在天花板上再漫射下来，均匀散布在室内。这种"间接"照明方式，光线相对柔和。直照式落地灯光线集中，既可以在关掉主光源后作为小区域的主体光源，也可以作为夜间阅读时的局部光源。

落地灯一般由灯罩、支架、底座 3 部分组成，选择不同的灯罩、支架和造型取决于用户的喜好。的确，落地灯还可以凭自身独特的外观，成为居室内一件不错的摆设，需要特别指出的是，落地灯底座要稳，特别是有小孩的家庭更是不能购买一碰就倒的落地灯。

当然，选择可以调光的落地灯也是一个不错的想法，因为调节照度可满足不同的需要。

（7）台灯

台灯（如图 1-7-15 所示）是一种可移式灯具，也是家庭书桌、床头柜上必不可少的照明灯具。由于使用人的不同目的，而且涉及儿童好奇等因素，因此选购时需仔细考虑，特别是安全因素。

一般而言，台灯按使用功能可分为：阅读台灯、装饰台灯两类。

图 1-7-15　几种台灯

① 阅读台灯

此类台灯是指专门用来看书写字的台灯，因此灯体外形应简洁，不要过于花哨，为适应人们对光线的不同需求，这种台灯一般可以调整灯杆的高度、光照的方向和亮度。

阅读台灯的光源一般有 4 大类：白炽灯、卤钨灯、荧光灯和 LED 灯。4 类光源各有利弊，例如白炽灯能耗大，但可调光；卤钨灯亮但泡壳烫人、安全性差；一般荧光灯便宜但寿命短，所以应选三基色灯管；LED 灯环保但显色性差。对于阅读台灯而言，合适的优质光源应该是阅读照明的基本要求，具体可表达以下几点。

a．照度适宜

若光源使用白炽灯，一般可用 25 ~ 40W 的灯泡。因为 25W 以下的灯泡，照度不够，会影响视力；40W 以上的灯泡，照度又过大，光线过强，也会影响视力，若光源采用节能灯，5 ~ 8W 就够了。

b．灯光的色温

灯光的色温贴近自然光有利于人们长时间的看书，因此，选择色温为日光色的灯管是阅读用途台灯的一个必然选择。

c．灯管的频闪

有理由相信灯伤害眼睛的主要原因是频闪，因为日光灯灯光不停的频闪会使人眼的调节器官处于紧张的调节状态，从而导致视觉疲劳。普通日光灯的供电频率为 50Hz，所以人的眼睛感觉到了灯的闪烁，但现在有些企业通过电子镇流器将灯的驱动频率提高到 50 000Hz，从而基本消除了频闪感觉。

市场上所谓"护眼台灯"的卖点是声称"无频闪，具有护眼功能"。实质上就是"护眼台灯"采用电子镇流器使荧光灯在高频电流下工作，荧光灯使用高频电子镇流器工作时的频闪比使用工频电感镇流器工作时的频闪来得更小而已，但频闪还是存在的。若要彻底地消除频闪现象，则需把交流电先变成直流电，用直流电点灯，从而达到真正无频闪，但把交流电变成直流电，需要增加"逆变器"电路，使得护眼灯的成本大大提高。

另外，还有一种停电应急灯值得考虑，因为它可解决因停电带来的烦恼。图 1-7-16 所示为两款应急灯，高品质、大容量的蓄电电瓶被内置，停电后，电瓶连续放电时间可达 3 ~ 4h，特别适用于经常停电、电网不稳定的地方，应该是家庭，特别是孩子学习场所的必备灯具。

② 装饰台灯

装饰台灯种类繁多，按风格分类有：现代台灯、仿古台灯、欧式台灯、中式台灯；按材质分类有：五金台灯、玻璃台灯、水晶台灯、实木台灯、陶瓷台灯等。

图 1-7-16　应急灯

使用场所不同，选用的台灯大小尺寸、风格、材质差异也很大，在居室中恰当地配置装饰台灯能彰显居住人的喜好、文化和素养。

（8）镜前灯

镜前灯一般是指固定在镜子上面的照明灯，使照镜子的人更容易看清自己。家装镜前灯一般有洗手盆镜前灯、浴室镜前灯和梳妆台镜前灯几种。几种镜前灯实物如图 1-7-17 所示。

图 1-7-17　镜前灯

选购镜前灯时，一定要注意其工作环境。若镜前灯安装在浴室，则一定要注意选购防水镜前灯，同时其开关也要使用防水开关，千万不可因省几个小钱而埋下隐患。此外，镜前灯往往是妇女化妆时使用，为使镜前中的化妆效果是真实的化妆效果，镜面的显色应该不失真，因此镜前灯色温的选择应该和自然光相似，故而一般镜前灯的光源都为三基色荧光灯。最后需强调的是，因镜前灯安装位置较低，为防止漏电伤人，其金属外壳应作接地处理。

（9）嵌入式灯具

嵌入式灯具是家庭经常选用的灯具，几种嵌入式灯具如图 1-7-18 所示。

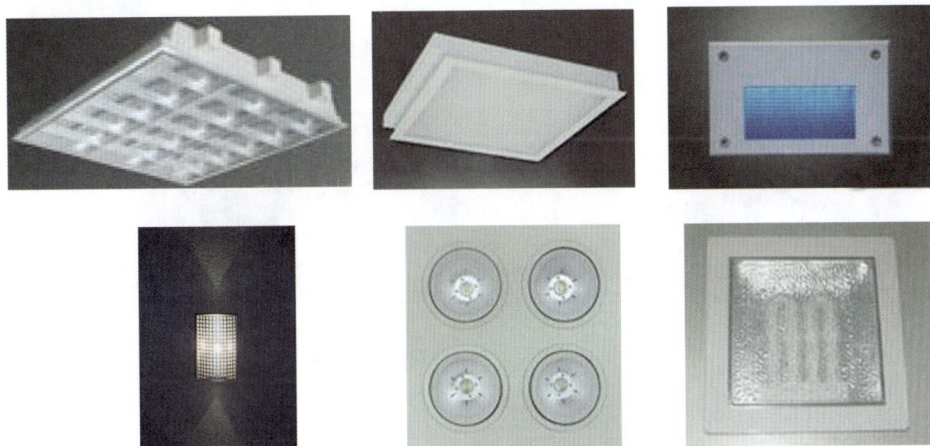

图 1-7-18　嵌入式灯具

由图 1-7-18 可知，嵌入式灯具需要在天花板或墙上开孔，将灯体嵌入天花板或墙壁内，或采用集成吊顶的方式，这样外观平整，灯具不会突出，为提高光效，通常这种灯具都配有反光衬底。

根据灯具的形式及安装部位的不同，灯具的安装方式可分为：嵌入式安装、吸顶安装、嵌墙安装、悬挂式安装等几种形式。值得提出的是，F 标记在嵌入式灯具中非常常见，有F 标记的灯具可直接安装在普通可燃材料表面。对于灯具来说，光源、镇流器或变压器等元器件都是发热元器件，它们在正常或故障条件下产生的热量会不会使安装表面过热，从而使可燃材料的安装面引燃发生危险，这直接关系到用户的安全，F 标记就是用来判定这一点的。

2．几种有特色的灯具

（1）羊皮灯

在古代，草原上的人们利用羊皮皮薄、透光度好的特点，用它裹住油灯来挡风，用于夜间照明。光线透过羊皮使光线变得十分柔和，居室显得温馨和典雅。在如今的市场上仍占有一席之地。

羊皮灯以格栅式为特征，不仅有吊灯，还有落地灯、壁灯、台灯和吸顶灯等不同系列，其实物如图 1-7-19 所示。

对于消费者而言，如何去鉴别一款羊皮灯的质量？

首先，我们选择的是灯的外形；其次，要看材质。由于真羊皮灯具的价格昂贵，一般消费者是不认可的，因此，目前市场上的羊皮灯大多是用"羊皮纸"来仿造的，有国产和进口的两类。一般来讲，以下方法有助于鉴别羊皮纸的质量。

羊皮吊灯　　　　　羊皮落地灯　　　　　羊皮壁灯　　　　　羊皮台灯

羊皮吸顶灯　　　　　　　　羊皮客厅灯

图 1-7-19　羊皮灯

① 优良品质的羊皮纸手感顺滑、柔软，差者粗糙且易撕裂和折断。

② 优良品质的羊皮纸具有阻燃性。

人们购买时应货比三家，通过查证品牌和价位来鉴别真伪。羊皮灯和其他灯饰相同，需要定期清洁和保养，羊皮灯必须使用节能灯，清洗羊皮灯时不能用水直接冲洗，而是应该用半湿布轻轻擦拭羊皮上的灰尘。切记不可太用力以免羊皮破裂。

（2）花灯

花灯是一种传统民间工艺品，如今，花灯已经逐渐脱离传统花灯的做法，同时也逸出了传统花灯的立意。市场上有许多洋溢着独特风格的花灯产品，值得家庭装饰时选择。

花灯通常分为吊灯、座灯、壁灯、提灯几大类。图 1-7-20 罗列几类花灯供读者参考。

（3）拉丝灯

拉丝灯利用拉丝材料（金属、棉线＋铁、玻璃、金属镀膜等材料）作为灯罩，拉丝手工制作、不退色、不变形、质感细腻、装饰效果超强，集时尚、大方、高贵、典雅于一身，能为家居增添无限的温馨气氛。其光源使用节能灯，几个拉丝灯实物如图 1-7-21 所示。

3．家用灯具的选择

对于一个家庭来讲，理想的灯光不仅带来了光明，也营造了充满情趣的生活氛围，但若家用灯具选择不当，又会给我们造成不便和伤害。因此，在市场上形形色色的产品中，根据自己的喜好、家居的风格及各房间的基本功能，选择合适的家用灯具甚为重要。

（1）客厅灯

客厅是家中主要的休闲、活动空间，使用频率最高。它不仅是家庭人员文化娱乐、休息团聚、接待客人、相互沟通的场所，同时也在一定程度上彰显着主人的身份和品位。

（a）中式花灯

（b）欧式花灯

图 1-7-20　花灯

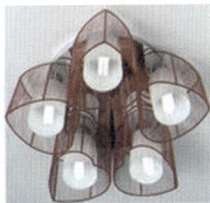

图 1-7-21　拉丝灯

依照不同的用途来配置不同的灯是灯光配置的基本思路，由于客厅的功能与作用较多，这就决定了客厅的灯光配置应该有变化的内涵。

一般来说，客厅以选用庄重、明亮的吊灯或吸顶灯为宜。若客厅面积较大、净空低于 2.6m 时用吸顶灯；若面积较小而天花板较高的客厅宜采用吊灯。

一般而言，客厅是一个家庭的门面，灯具太多会显得凌乱，少了又会显得冷落单调。

客厅一般都应以一组较亮的光源为中心来体现庄重，同时又使用台灯、落地灯、壁灯或小射灯等辅助照明来柔化空间，营造温馨的感觉。关于客厅光源的选择，笔者认为主照明的白色中性光为好，而辅助光源则可五彩缤纷，因人而异。客厅灯示意如图 1-7-22 所示，供读者参考。

图 1-7-22　客厅灯

（2）卧室灯

卧室照明强调的是温馨和方便。卧室照明有基本照明、局部照明和装饰照明之分。

基本照明灯光要柔和，光线不能太强，光源应为暖色调、可调光、可遥控为好。其实，卧室里最重要的还是局部照明，随意、方便，同时避免影响家人休息都是需要费心思量的。例如在床头设置床头灯，可满足睡前有阅读习惯人们的需要。床头灯的选择一般依房间的大小、家具的摆放、整体装修风格及个人的需要来确认，可以单独一盏或对称地并蒂两盏。

现在许多台灯和落地灯的灯罩都可以随意更换，因此，根据季节变换灯罩，也可以增添不少卧室的新意。

目前，很多人喜欢在卧室中摆放休闲沙发，在沙发旁边和床尾凳前放置一盏落地灯，在落地灯的局部照明下，房间的主人可以安安静静地思考一些问题。往往一个装饰性壁灯或几束错落有致的射灯光线都会使卧房体现浪漫、温馨的主题。卧室灯示意如图 1-7-23 所示，供读者参考。

图 1-7-23　卧室灯

（3）厨房灯

厨房是做饭的场所，因此，厨房灯应该符合厨房的特点。

其一，厨房炒菜、做饭，少不了油烟、水汽。我们经常发现，厨房的灯具损坏得很快，尤其是天天点火做饭的厨房，其灯具使用半年左右，就出现灯头锈斑，灯罩上油渍、污垢堆积，因此，厨房灯具应该以塑料和玻璃为佳，以方便清洁。同时，厨房灯要防尘、防水、防雾，选购厨房灯时一定要注意底部是否有垫圈，它能有效防止油烟、水汽的侵蚀。

其二，厨房灯光的配置应满足厨房是用来烹调和操作的需要。

① 厨房的灯光显色性要好，炒菜讲究的就是色、香、味，若厨房灯变色会造成主妇炒菜、择菜时对菜肴成色及菜的质量的误判。因此，厨房灯的光源应选偏暖色的三基色荧光灯为好。

② 厨房灯光除满足一般照明之外，最好在工作区设置局部照明灯具（如射灯），以满足诸如拔猪毛、配菜之类的细致活的要求，这种强光的局部照明对老年人尤为必要。卧房灯示意如图 1-7-24 所示，供读者参考。

图 1-7-24　厨房灯

（4）餐厅灯

现代家居中，布置好餐厅，就等于创造了一个良好的就餐环境，餐厅灯的选择和布置讲究烘托一种其乐融融的进餐氛围。因此，餐厅灯要求主照明具有高显色性、高照度的特点。一般房间的层高若不足，宜选择筒灯或吸顶灯作主光源。

吊灯的组合形式多样，体积大小各异，排列可错落有致。选择餐厅吊灯的类型，主要取决业主的喜好。

餐厅灯在满足基本照明的同时，更注重的是营造一种进餐的基调，烘托温馨、浪漫的居家氛围，因此，应尽量选择暖色调，同时便于清洁的灯具，而不要为了省电，一味选择冷白色调的节能灯。餐厅灯示意如图 1-7-25 所示，供读者参考。

（5）卫生间灯具

卫生间灯具应具有防潮、安全和不易生锈的特点。因此，灯具应选塑料或玻璃材质，灯罩选用密封式，一般选择防水吸顶灯为主灯。卫生间中一般有洗手台、座厕和淋浴区这3个功能区，在不同的功能区设局部电源。例如，在洗手台设防水的镜前灯方便梳洗和剃须；在淋浴房或浴缸顶上设置射灯，方便业主洗浴；在座厕旁设一壁灯，方便习惯如厕看报的业主。

图 1-7-25　餐厅灯

特别要强调的是安全问题，卫生间水多，所以卫生间的灯具一定要买防水、防漏电的产品，万万不可为节约而忽视了安全。卫生间灯示意如图 1-7-26 所示，供读者参考。

图 1-7-26　卫生间灯

（6）书房灯

书房是读书学习的场所，书房中的灯具不宜过于华丽或张扬，而应以简洁朴素为本，刻意营造出一个供人学习思考时所需的宁静氛围为基调。

基于以上考虑，书房的基础照明，可选择造型简洁的吸顶灯，光线明亮。其光源一般选冷色调，因为冷色调有助于人们心境平和、冷静思考。

书房照明的重点是局部照明，局部照明的重心就是写字台灯具的选择，台灯的光源常用白炽灯和荧光灯。白炽灯显色指数比荧光灯高，而荧光灯发光效率比白炽灯高，它们各有优点，可按个人的需要或对灯具造型式样的爱好来选择。书房灯示意如图 1-7-27 所示，供读者参考。

图 1-7-27　书房灯

（7）儿童房灯

儿童房的灯光环境应充分考虑到孩子的个性特点和成长的需要。因此，父母最好与孩子一起挑选儿童房的灯具，让孩子享受自主挑灯的乐趣。儿童房里一般都以整体照明和局部照明相结合来配置灯具，整体照明应明亮，而局部照明则应在造型、色彩上给孩子一个轻松、充满乐趣的感受。儿童房的光源最好用白炽灯，一则白炽灯显色性好，二则避免了荧光灯闪烁对儿童眼睛的伤害。对于幼儿房间，照明灯具要高高悬挂，尽量不要使用台灯，防止少儿触摸灯具，要把安全放在首位。儿童房灯的实物如图 1-7-28 所示。

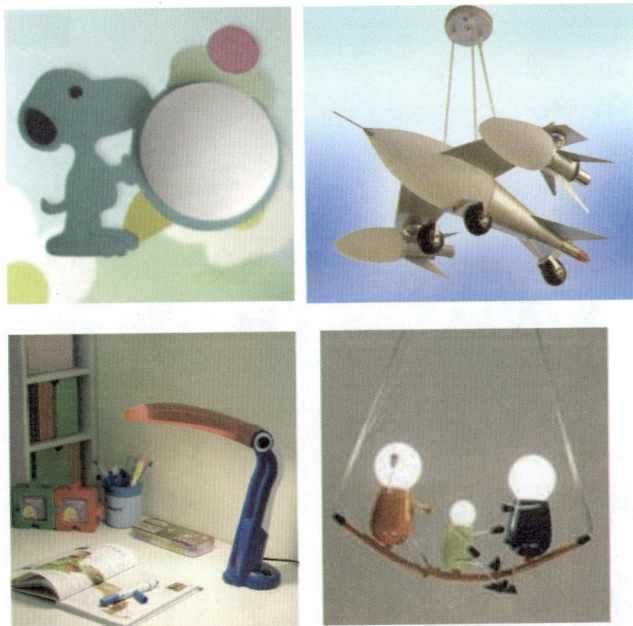

图 1-7-28　儿童房灯

（8）过道灯

顾名思义，过道就是通向某地的通道，对于家庭则泛指走廊（分隔房间的走道）、玄关、楼梯等位置。根据生活的经历，这些位置的确需要灯，但往往又被人们所忽略。

通过图 1-7-29 所列的几幅场景，可以大致了解过道灯的安装位置。

图 1-7-29　过道灯的安装位置

① 过道灯是一局部光源。

② 过道灯照度相对较低。

③ 过道灯亦可以营造生活空间的氛围，或朦胧、或时尚、或温馨、或高雅。

过道灯的种类繁多，图 1-7-30 所示为几款过道灯具，仅供读者参考。

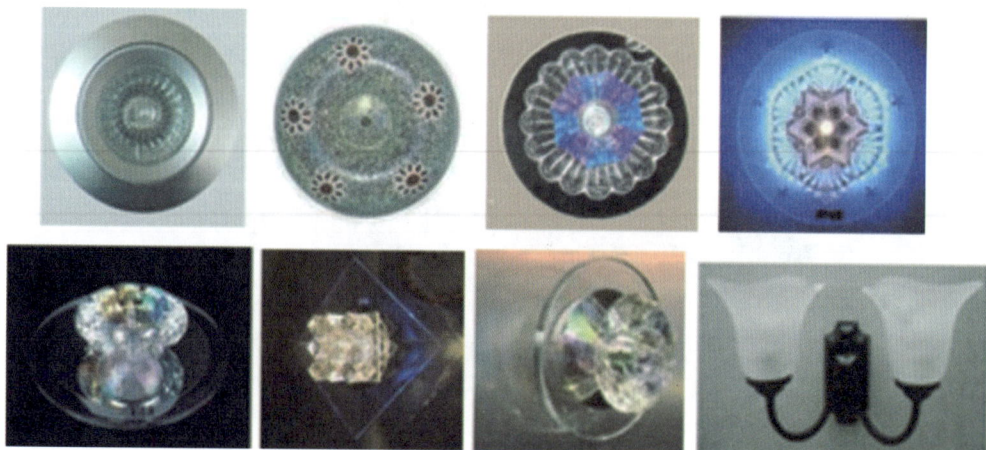

图 1-7-30　过道灯外形

（9）小夜灯

小夜灯是家庭里的一种辅助性的照明工具。我们也许有这样的体会：深更半夜去卫生间时，睡眼朦胧中一时难以找到灯的开关；而忽然间开亮的灯光使人难以适应，针对上述夜间室内照明的困难，很多厂家都开发出了专供夜间微光照明的小夜灯。小夜灯品种丰富、可选性强，多装于居室、楼道、过道以及卧室等位置。小夜灯的实物如图 1-7-31 所示。

图 1-7-31　小夜灯

由图 1-7-31 可知，小夜灯不仅可作为夜间照明之用，同时还有美化居室的功能。

4．家用灯具质量的把握

综上所述，灯具的种类很多，不管选用什么样的灯具，最重要的还是其安全性指标，下面补充几点说明。

（1）看灯具的标记

购买灯具时应首先查看灯具上的标记，如商标、型号、额定电压、额定功率等，看是否符合自己的使用要求。例如，一个设计为 60W 的灯具，由于未标记额定功率，用户很可能装 100W 的灯泡，就有可能造成灯具线路过热造成外壳变形，绝缘损坏，甚至引起火灾。

（2）看灯具中用的导线截面面积

国家规定家庭灯具中使用的导线最小截面面积为 $0.5mm^2$，有的不合格产品用的导线截面积只有 $0.2mm^2$，这样的导线极易烧焦，绝缘层烧焦后又极易发生短路，非常危险。所以业主购买（包括进货）时应看一下灯具说明书与实用导线是否相符。

（3）检查防触电保护措施

合格的灯具通电后，人应当触摸不到带电部件，因此，人们应在灯具通电后用试电笔检查一下裸露的金属部分是否带电。

（4）检查电线引入线是否牢靠

某些灯具在电源线入口应有导线固定架，以免导线受到拉力时，使接线端子上的导线脱落。同时应注意导线经过的金属管出入口应无锐边，以免割破导线，造成金属件带电，产生触电危险。

总之，对于普通消费者来说，选购灯具应选择售后服务信得过的灯具商店，如果对灯具知之甚少，建议货比三家，对同一款式、同一品牌的商品，要从质量、价格、服务等方面综合考虑，绝对低价的产品是不可信的。

第八节　家庭集成吊顶

短短的几年时间，集成吊顶已在家庭装修中独树一帜。集成吊顶在视觉上简洁明快，安装上简单，功能上可灵活配置，维修上方便易行，从而成为卫生间、厨房吊顶的主流，值得大力提倡。

那么，什么是集成吊顶呢？简单地讲，集成吊顶就是金属方板与电器的组合，是一种整体吊顶解决方案。例如，对家庭卫生间集成吊顶，就是一种将取暖（浴霸）、换气（换气扇）、照明、其他功能电器（背景音乐）和吊顶功能模块化的产品。图 1-8-1 所示为集成吊顶的安装效果。

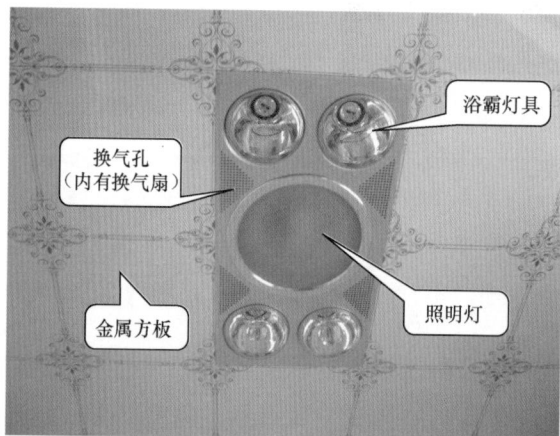

（a）卫生间集成吊顶（一体机）

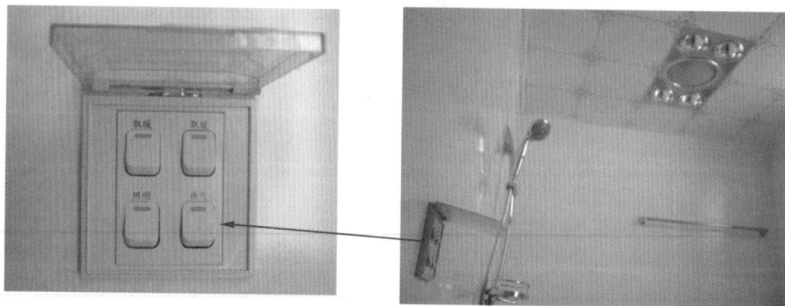

（b）控制开关（安装在墙壁上）

图 1-8-1　卫生间集成吊顶安装效果

从图 1-8-1 中可以看出，集成吊顶使有限的卫生间空间简洁且美观、实用，它有效避免了安装浴霸灯具、换气扇等传统电器而出现了杂乱无章或无章可循的困惑。

在几年前，家装领域还没有集成吊顶的概念，而如今各种材质、风格各异的集成吊顶已经琳琅满目地出现在了家居卖场中。对于装修者而言，如何选择产品值得考虑，但起码产品要通过"中国国家强制性 CCC 认证"、"ISO9001 国际质量管理体系认证"等多项专业认证，若产品为"中国驰名商标"、"中国绿色环保建材产品"更当值得信赖。

为了满足人们生活的各种需求，集成吊顶有取暖系列、照明系列、换气系列、一体机系列及其他功能的产品可供选择。集成吊顶展示如图 1-8-2 所示，供读者参考。

（a）取暖系列

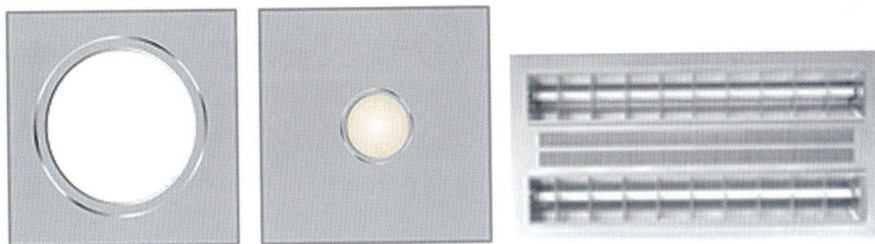

（b）照明系列

（c）换气系列

取暖+照明+换气

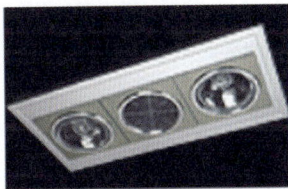
两灯+风暖

换气+照明+温度显示仪+风暖

（d）一体机系列

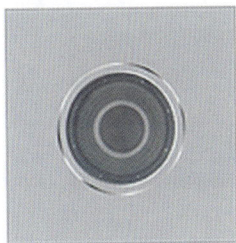
音响模块

湿度显示仪

MP3功放

（e）其他功能模块

图 1-8-2　集成吊顶展示图

第二章　家装弱电器材

如今，弱电布线系统是现代家庭的基础设施。弱电的处理对象是信息的传送和控制，主要考虑的是信息传送的效果，如信息传送的保真度、速度和可靠性。弱电布线主要包括电话线、网线、有线电视线、音频线、视频线、音响线等。

现在有的业主请马路电工布线，装修结束后大多会留下一些遗憾，甚至会把不同功能的导线用错，遇到这种情况时大家都显得很无奈。因此，在进行布线前，业主首先应该了解自己的居室环境及各房间的用途，同时要了解家庭的网络需求，安装几台计算机？要在什么地 方看电视？弱电箱应有多大空间？装在什么位置？自己心里要有个谱。

第一节　安装家庭电话的器材

在当今的家庭中，固定电话还是有一定的作用的，因为如今的电话线路被赋予了更多的功能，可分支、可上网，在形式上也多样化。另外，对于一户多室的家庭来讲，如何设置固定电话使生活更加方便，也是必须面对的实际问题。

1. 分线盒

电话线入户后，若需要多路分支（接多部电话），可利用电话分线盒和 RJ-11 水晶头进行连接。分线盒实物 RJ-11 水晶头及分线盒接线示意如图 2-1-1 所示。

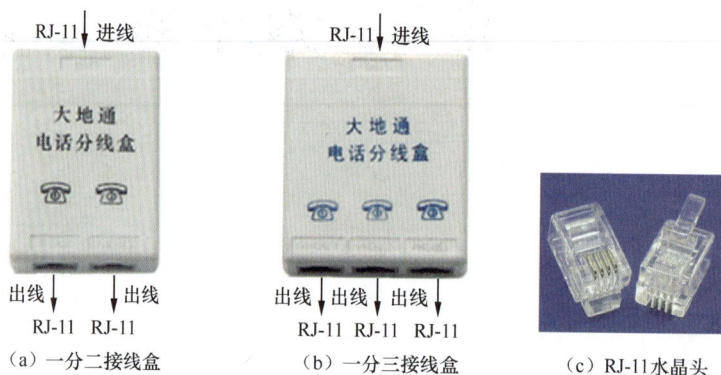

（a）一分二接线盒　　　（b）一分三接线盒　　　（c）RJ-11水晶头

图 2-1-1　电话分线盒及接线示意图

（d）一分四接线盒

（e）一分五接线盒

（f）电话连接线

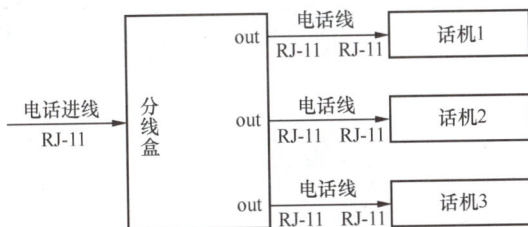
（g）一分三分线盒接线示意

图 2-1-1　电话分线盒及接线示意图（续）

2．电话线

图 2-1-1 中的电话进线是从装在楼道里的电话接线箱接入进户的电话线，分线盒装在门内方，电话线用 RVB 型塑料并行软导线或双绞线，规格为 $2×0.5mm^2$。电话线常用规格有二芯和四芯，如图 2-1-2 所示。

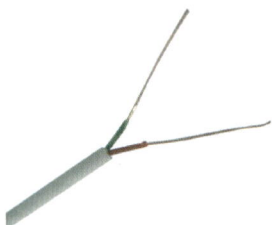
（a）二芯电话线

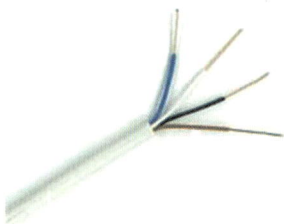
（b）四芯电话线

（c）整卷电话线

图 2-1-2　电话线

若使用普通电话，选用二芯电话线即可；若使用传真机或者计算机拨号上网最好选用四芯电话线；若家里需要两个电话号码，就需引入两条电话线，电话线最好与电源线保持 1m 以上距离。

3．电话插座

电话线有二芯和四芯两种，要分别使用二芯和四芯的水晶头，故电话插座也有二芯和四芯之分，实物图如图 2-1-3 所示。由实物图看，这二者是难以区分的。例如，某系列信息插座 WF401（86 型一位二芯电话插座）和 WF403（86 型一位四芯电话插座）的外形是完全一样的，但内部接线不一样，因此，购买者需仔细一点。当然，使用四芯水晶头接二芯电话线是可以的。

（a）二芯水晶头　　　　（b）二芯电话插座

（c）四芯水晶头　　　　（d）四芯电话接口

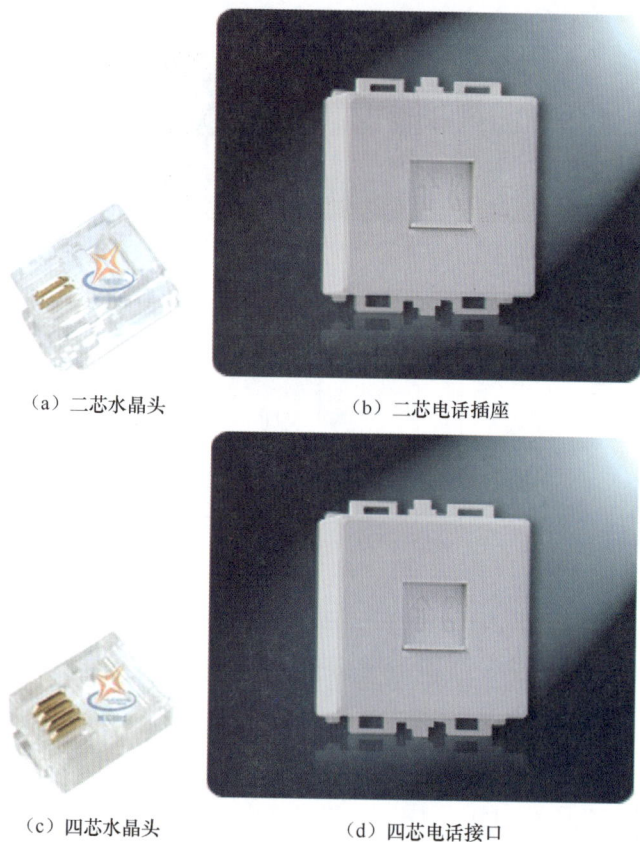

图 2-1-3　电话插座

　　实际上电话线只需两根线，四芯线其中的两根线可作为电话使用，另外的两根可作为可视电话等其他用途使用，当然也可作为电话线的备用线。电话插孔有单插和双插之分，其中，双插孔型面板是为了接二路电话线，分别装一部电话而设。两种电话插座面板如图 2-1-4 所示。

图 2-1-4　电话插座面板

4. 无绳电话

　　无绳电话是一种很方便的电话并机，如图 2-1-5 所示。它由主机和副机两部分组成，主机接有线电话网，用户可离开主机几十米远，利用副机收听和拨叫电话。主机与副机之间是通过无线电连接的，无绳电话需要接电源，因此安装时要留有电源插座。

图 2-1-5　无绳电话

5．家用电话交换机

对于一般家庭而言，有两部固定电话足矣，但有的家庭房间较多（例如别墅），有需要安装多部固定电话的需求，此时可通过安装电话交换机来达到需求。电话交换机是一种特殊用途的用户交换机，其实物及其说明如图 2-1-6 所示。

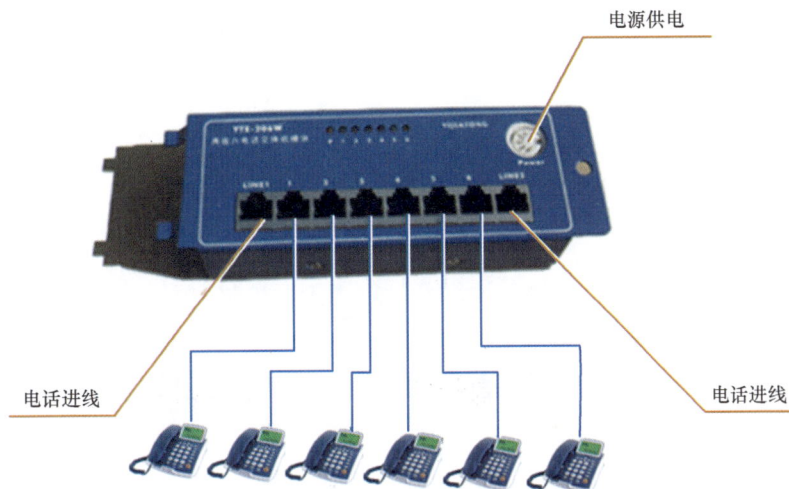

电源供电

电话进线

电话进线

图 2-1-6　电话交换机

电话交换机不需要专职的话务员和维护人员，每部都可以通过指示灯了解整个系统的工作情况。当外线呼入时，可由任意一部话机应答，并可以转给所需的被叫。任何一部话机要呼外线时，只要按下代表空闲外线的相应键，即可拨号呼叫外线。如图 2-1-6 所示，拖 6 能将 1 条电话外线扩展成 6 部电话使用，但不会增加电信局线路负担，每部分机均可直接打进打出，十分方便。

另外，也可单独组建内部通信网，内部通话与外线无关，也不会产生收费的负担。

6．电话线防绕器

电话线防绕器如图 2-1-7 所示。

电话线防绕器小巧精致，安装方便。有了它，你打电话时就不会因为话筒线缠绕影响通话而烦恼了，不用经常花时间去整理缠绕的电话线。小产品解决小问题，也很有创意。

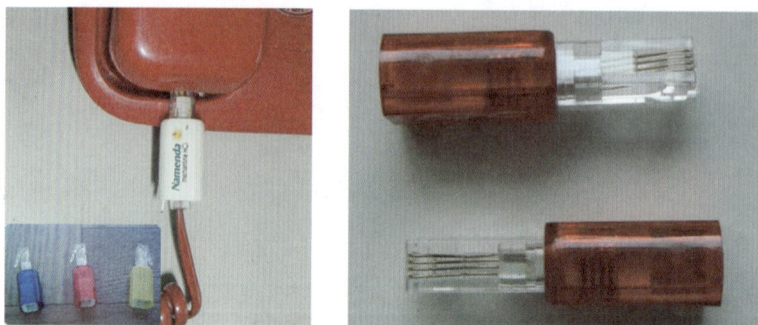

图 2-1-7　电话线防绕器

第二节　安装有线电视的器材

有线电视器材最常用的有同轴电缆传输线、电视分支器、电视分配器、电视终端盒（俗称电视插座）、电视机专用插头等。其中，传输线最为重要，用户如果选用了劣质的有线电视线，模拟电视会出现雪花干扰及频道不稳等现象，对数字电视来讲，会造成数字电视信号的严重衰减，许多频道的节目根本无法正常收看。另外，有线电视也存在着分支的需求，针对以上两点，下面作一简介。

1．电视传播线

同轴电缆是有线电视系统中用来传输射频信号的传输线，其产品示意如图 2-2-1 所示。

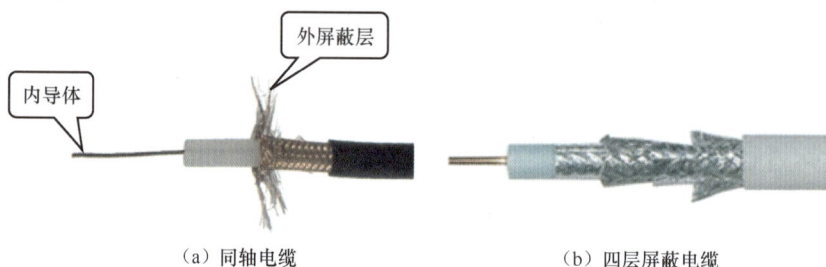

（a）同轴电缆　　　　　　　　　　（b）四层屏蔽电缆

图 2-2-1　有线电视线

同轴电缆有两根导线（内导体／外屏蔽层），其中一根内导体位于另一圆柱外导体的轴芯中，故称之为"同轴电缆"。

由于屏蔽网丝，屏蔽层越密抗干扰能力越强，相对价格也略高一点。

电缆按绝缘外直径有 5mm、7mm、9mm、12mm 等规格，对应内导线直径为 1.0mm、1.5mm、1.9mm，分别应用于支路、支干线和干线的信号传输，家庭一般用直径为 1.0mm 的同轴电缆即可。

某同轴电缆产品如图 2-2-2 所示。

其型号为 SYWV-75-5-1，该符号按顺序的含义是：同轴射频电缆、绝缘材料为物理发泡聚乙烯、护套材料为聚氯乙烯、特性抗阻为 75Ω、芯线绝缘外径为 5mm，结构序号为 1。

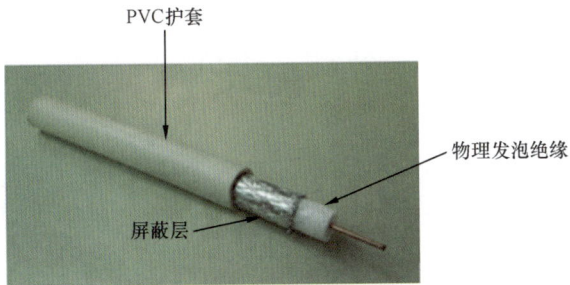

图 2-2-2　同轴电缆产品

其中，物理发泡的定义为：把不活泼的氮气充入绝缘介质，构成细密均匀的微孔结构，各微孔类似一个个密封舱，彼此间互不联通，故而它不透水，不透气，传输信号的特性特别稳定。

另外，电视线的特性阻抗是 75Ω，与电视机的输入阻抗相匹配，如不匹配，会造成信号反射，不仅传输效果降低，同时会引发图像的干扰。由于伪劣产品的特性阻抗偏离 75Ω，从而影响到电视信号的正常传输，使电视画面的清晰度很差。因此，家庭装修一定要购买有线电视专用线，一般正品电视线的外护套上有印有"有线电视专用线"的字样。

如果用户选用了劣质的有线电视线，同时埋入了墙体，当工程完工接入信号后发现图像干扰严重的时候，再想更换就困难了，到那时使用劣质器材的后果就会凸现。

2. 电视分配器

有线电视的引入端进户之后，如果家庭有多台电视机收看有线电视节目，应该使用电视分配器或电视分支器。因为电视负载不能随便并联，即不能简单的将户外接入的有线电视信号线直接接到各个房间。

分配器是将一路输入信号分配给两路以上信号的部件。常用的有二分配器、三分配器、六分配器、八分配器等，其实物如图 2-2-3 所示。

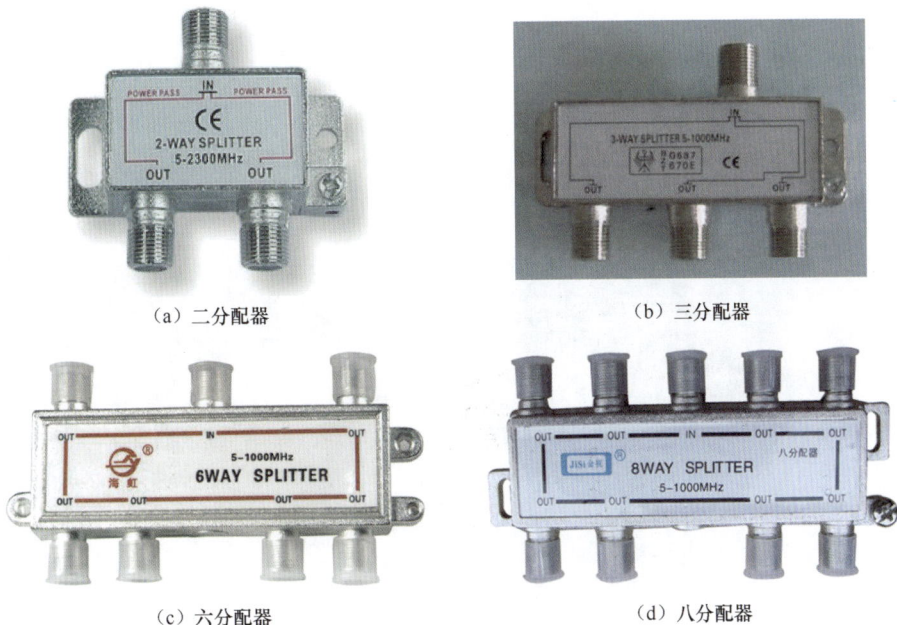

（a）二分配器　　　　　　　　（b）三分配器

（c）六分配器　　　　　　　　（d）八分配器

图 2-2-3　电视分配器

无论是哪一种分配器，分配器进线都应接在输入端（IN），到其他房间的电缆应接在分配器的输出端（OUT）。

需要进一步说明的还有以下几点。

① 分配器的作用是将入户的电视信号均等地分配到各个终端，终端数量越多，每个终端的信号就越弱，因此一般不宜简单地使用 3 路以上的分配器。

② 如果您的房间布局是放射状，那么应使用分配器来分配信号；如果您的房间布局是一字排列的，那么就适合选择分支器（见分支器的说明）。

③ 如果单路闭路接入收视正常，而多路分配后信号不好，则应增加放大器（见有线信号放大器说明）。

④ 电视分配器的使用如图 2-2-4 所示。

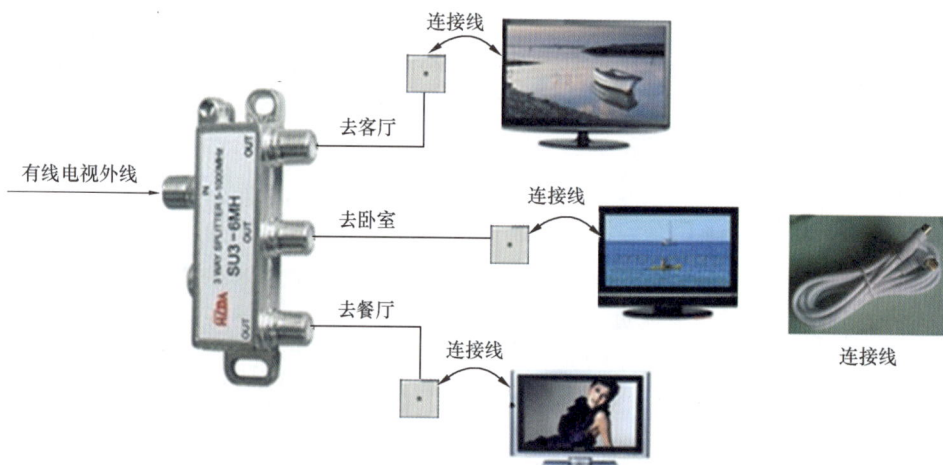

图 2-2-4 电视分配器的连接

3．电视分支器

电视分支器实际是一种定向信号传输器件，有一分支、二分支、四分支、八分支等多种类型。分支器是把一部分信号能量定向传送到分支端口（TAB 或 BR），而余下的信号经输出端口（OUT）送往下一个分支器或分配器，示意如图 2-2-5 所示。

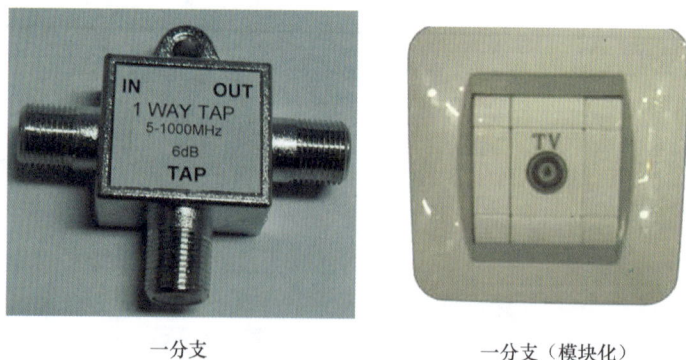

一分支   一分支（模块化）

图 2-2-5 电视分支器

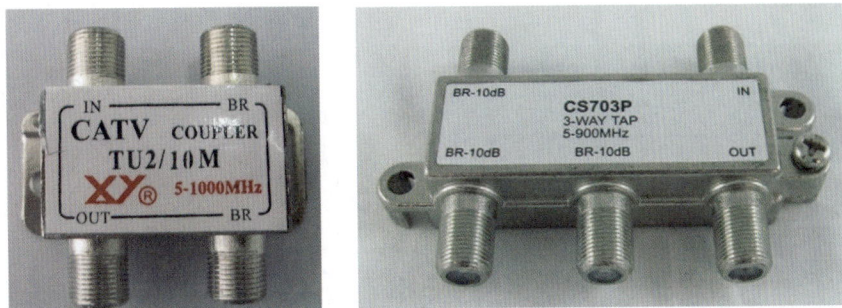

二分支

三分支

图 2-2-5 电视分支器（续）

若某家庭的房屋是一字形排列，可采用电视分支器和电视分配器配合使用，如图 2-2-6 所示。

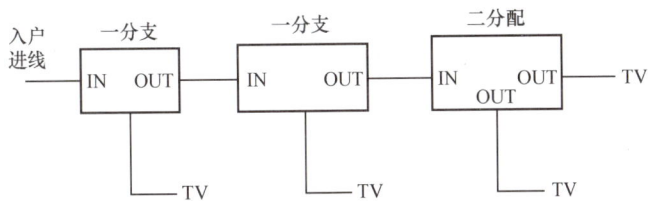

图 2-2-6 电视分支器连接示意图

4．有线电视放大器

对于有线用户而言，对输送到户的信号大小都有具体的要求。用户信号电平约为：60 ～ 80dBμV 左右，当信号电平低于 60dBμV 时，电视屏幕就会出现雪花点或杂乱的干扰条纹；信号电平高于 80dBμV 时，电视屏幕又会出现扭曲失真。信号的大小可用场强仪测量。

有线电视系统图如图 2-2-7 所示。由图可知，为了弥补有线电视信号在线路上的衰耗，有线电视系统中设置了干线放大器、延长放大器和终端放大器。家庭用户都是终端放大器的负载。一般而言，有线电视公司都会提供足够大的电视入口信号，即家庭用户一般都不需要安装有线电视放大器。

但是对某些有线电视负载多的用户，因信号衰减过大，则需安装有线电视放大器，如图 2-2-8 所示。

图 2-2-8 中 IN 端为入户线，OUT 为输出端，可接电视分支器或分配器。

若某家庭是一个 3 层多房屋结构，因电视信号传输距离长，多机衰耗大，可在进线端加有线电视信号放大器，如图 2-2-9 所示。

需要提出的是，有线电视信号放大器有防水型系列，便于在屋檐下安装，所以是一种有线电视信号末级放大的理想设备。其实物如图 2-2-10 所示。

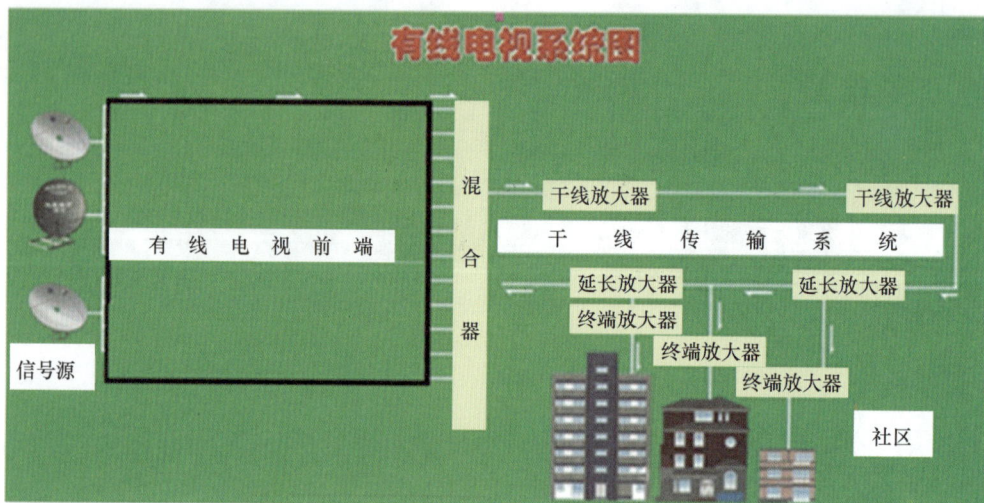

图 2-2-7　有线电视系统图

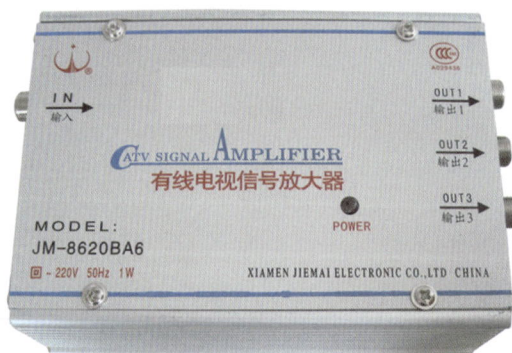

图 2-2-8　有线电视信号放大器

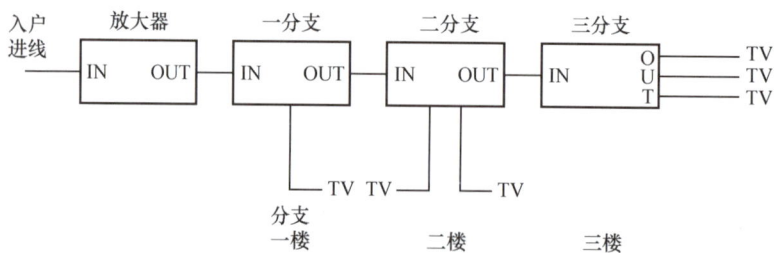

图 2-2-9　多台有线电视安装示意图

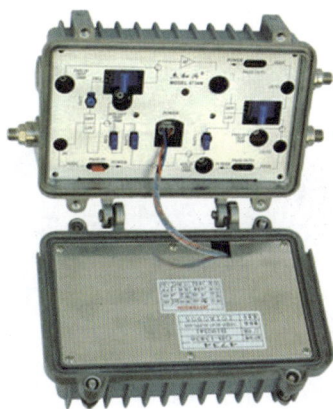

图 2-2-10　防水型有线电视放大器

5．有线电视插座

室外电视信号通过同轴电缆接至室内 TV 插口，再通过连接线）和 TV 连接起来，如图 2-2-11 所示。

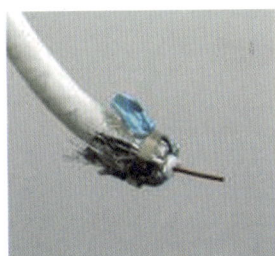

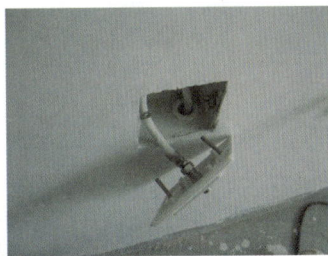

（a）同轴电缆　　　　　　　　（b）TV插座反面接线　　　　　　　（c）市售TV连接线

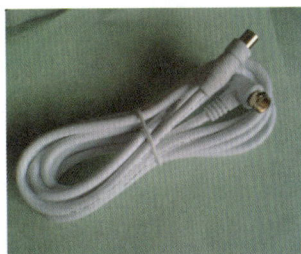

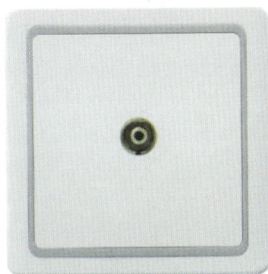

（d）TV插座正面　　　　　　　（e）连接线BNC接头　　　　　　　（f）TV BNC接口

图 2-2-11　　TV 插口及连接线

6．机顶盒及其接线

有线电视机顶盒主要是用于接收数字电视节目，由于原来的模拟电视信号仍然存在，如果你不想收看数字电视节目的话也可以不安装机顶盒。当然，接收的节目就少多了。

机顶盒及其接线如图 2-2-12 所示。

7．机顶盒共享器

由于数字电视的强制推行，随之给一般家庭带来了新的问题，那就是"一台电视必须配一台机顶盒"。若买两台数字电视机顶盒，第二台机顶盒约需 600 ~ 800 元，再加之每年多交的闭路电视费，一般家庭都会望而却步。为满足多机户的需求，机顶盒共享器则应运而生。

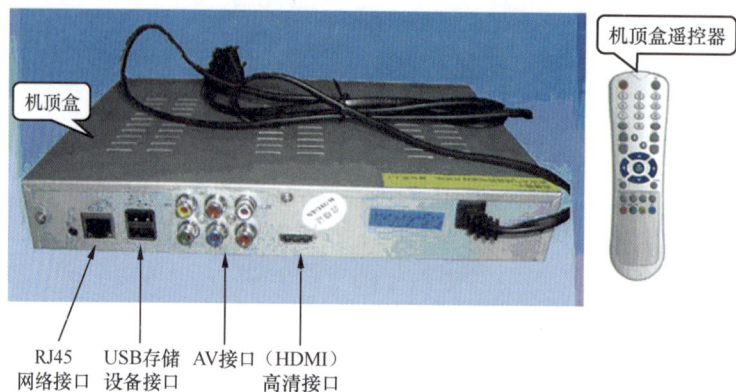

（a）机顶盒

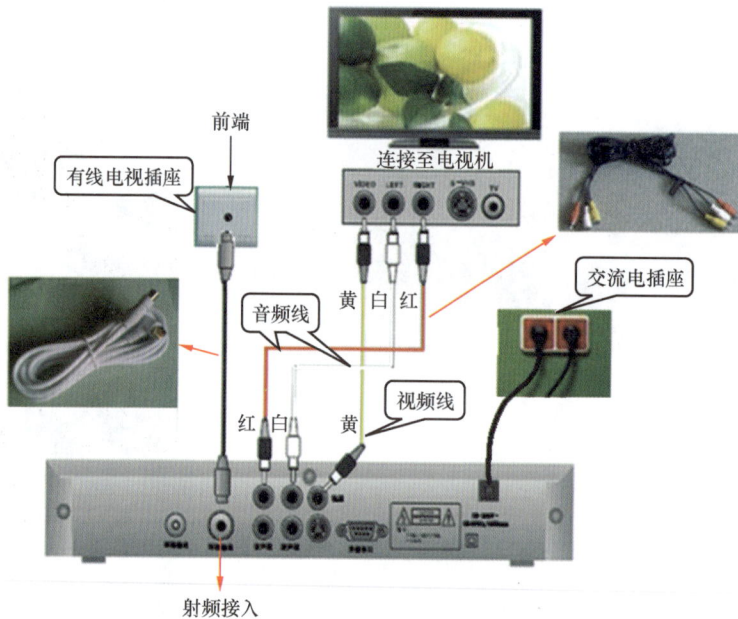

（b）机顶盒接线

图 2-2-12　机顶盒实物及接线

　　共享器的主要作用，就是让多台电视机共享一个机顶盒，由于方方面面的原因，现在仍然不允许多台电视同时收看不同的数字节目。

　　（1）机顶盒共享器接线示意

　　机顶盒共享器连接示意图如图 2-2-13 所示。

　　（2）机顶盒共享器配件

　　每套配件包括：A——主控制器 102B，B——副机 102B2，C——陷波器 102B3（抗干扰作用），D——各种连接线：三芯 AV 线，对接线 F-F 0.2m、用户线 F-RF0.5m、用户线

F-RF1.5m，如图 2-2-14 所示。

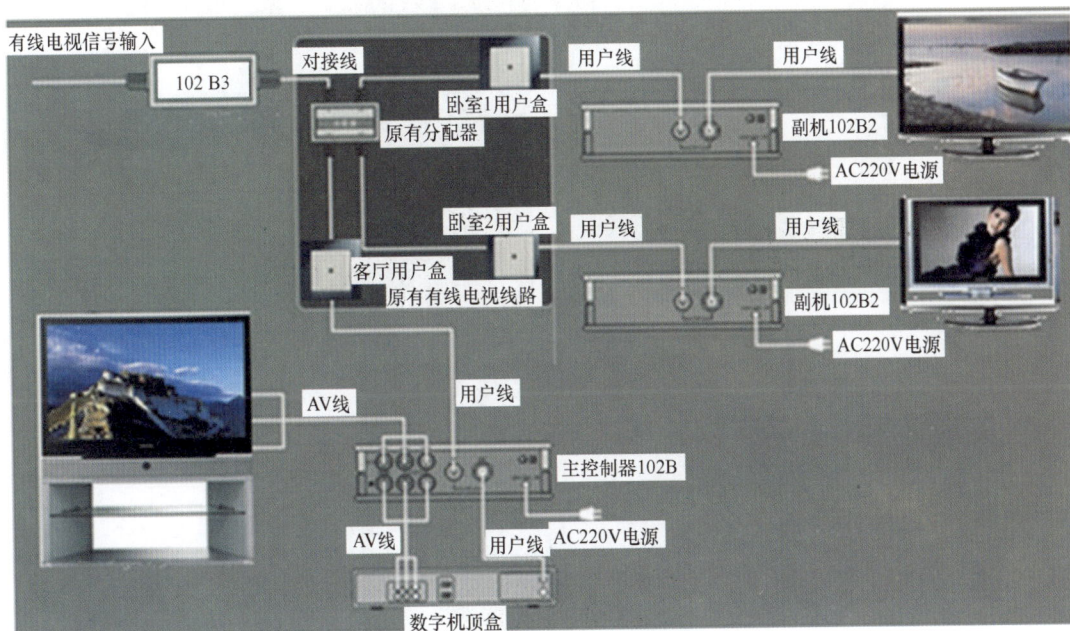

图 2-2-13 机顶盒共享器连接示意图

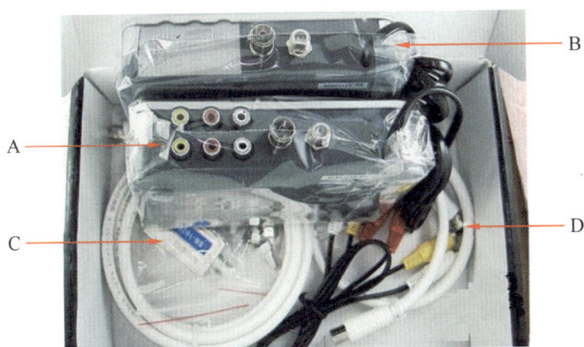

图 2-2-14 机顶盒共享器配件

需要进一步说明的是，机顶盒共享器也有多种规格，例如某厂产品就有视贝 SB-102A、视贝 SB-102B、视贝 SB-102B+，其意义如下。

SB-102A 只能实现一拖一，不能 2 台以上共享。

SB-102B 配置也为一拖一，但如果需要接 2 台以上电视，另外购买副机即可实现，而且可以添加多台副机而不影响收看效果。

视贝 SB-102B+ 配置也为一拖一，是 102B 的加强版，它增加了信号放大功能，使图像更加清晰，配件和安装与 102B 完全相同。用户购买时要仔细看一看产品说明书。

（3）机顶盒共享器的接线端子

机顶盒共享器接线端子如图 2-2-15 所示，结合图 2-2-14 可以清楚地了解接线。

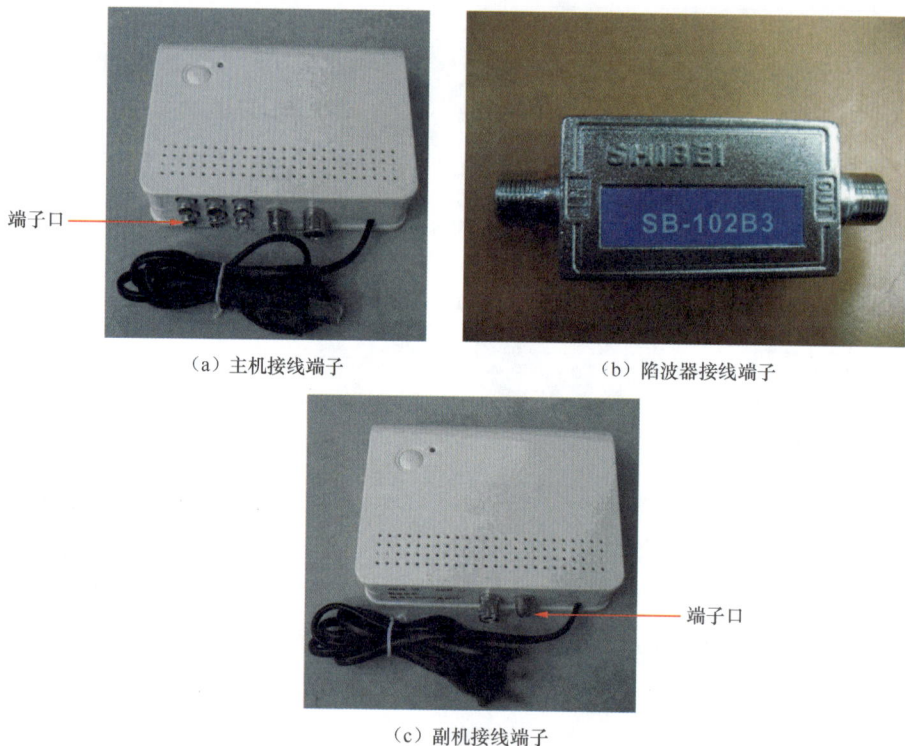

（a）主机接线端子

（b）陷波器接线端子

端子口

端子口

（c）副机接线端子

图 2-2-15　机顶盒共享器接线端子

第三节　安装计算机的器材

　　计算机上网有有线上网和无线上网两种方式，因此，需求的器材有所不同；计算机上网有宽带上网和电话线上网两种渠道，因此，各自需求的器材也不一样；对于一户多室的家庭一般都有安装多台计算机的需求，这也需要通过一定的器材和技术手段来加以实施。下面分别对安装计算机所需的器材作一简介。

　　1．网线

　　网线，就是网络连接线，是把一个网络设备（例如宽带）连接到另外一个网络设备（例如计算机）传递信息的介质，是网络的基本构件。

　　家庭装修中用于计算机与互联网连接的网线多为双绞线。这种网线在塑料绝缘外皮里面包裹着 8 根信号线，它们每 2 根为 1 对相互缠绕，分为橙色对、绿色对、蓝色对、棕色对共为 4 对。橙色对为 1 根橙色线，1 根橙白二色线；绿色对为 1 根绿色线，1 根绿白二色线；蓝色对为 1 根蓝色线，1 根蓝白二色线；棕色对为 1 根棕色线，1 根棕白二色线；双绞线也因此得名。

　　双绞线结构如图 2-3-1 所示。

　　把两根绝缘的铜导线按一定密度互相绞在一起，可降低信号干扰的程度，每一根导线在传输中辐射的电磁波会被另一根导线上发出的电磁波抵消。

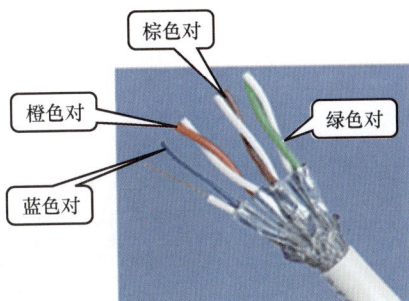

图 2-3-1　双绞线

目前，双绞线可分为非屏蔽双绞线（UTP）和屏蔽双绞线（STP），如图 2-3-2 所示。屏蔽双绞线电缆的外层由铝铂包裹，可以有效地隔离外界电磁信号的干扰。屏蔽双绞线价格相对较高，安装时屏蔽层要接地。

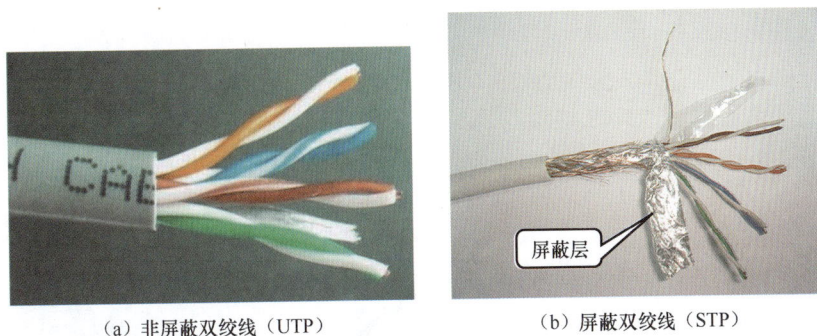

（a）非屏蔽双绞线（UTP）　　　　　　（b）屏蔽双绞线（STP）

图 2-3-2　非屏蔽双绞线和屏蔽双绞线

需要指出的是，从家用的路由器到计算机之间的网线一般不要长于 50m，网线过长会引起网络信号衰减，给上网者造成网速变慢的感觉。

2．双绞线种类

双绞线根据其线径等因素有多种型号，对使用者而言，主要关注其传输频率带宽的能力。

① CAT-1：主要用于语音传输。

② CAT-2：宽带（即传输频率）为 1MHz。

③ CAT-3：带宽为 16MHz。

④ CAT-4：带宽为 20MHz。

⑤ CAT-5：带宽为 100MHz。

⑥ CAT-5e 超 5 类：带宽为 100MHz。

⑦ CAT-6：带宽为 250MHz。

⑧ CAT-7：带宽为 600MHz。

随着网络技术的发展和应用需求的提高，双绞线这种传输介质标准也得到了发展和提高。从最初的 1、2 类线，发展到今天最高的 7 类线，通过这些不同的标准，可以看出它们的传输带宽和应用场合。

有厂家建议：如果您想提高网络性能，建议您至少选用超 5 类非屏蔽网络电缆产品，以保证网络的最佳性能，同时满足元件和信道的最低要求。

这些双绞线的类型需要向使用者明示，如常用的 5 类线和 6 类线，其标示方式是在线的外皮上标注 CAT-5 和 CAT-6，如图 2-3-3 所示。

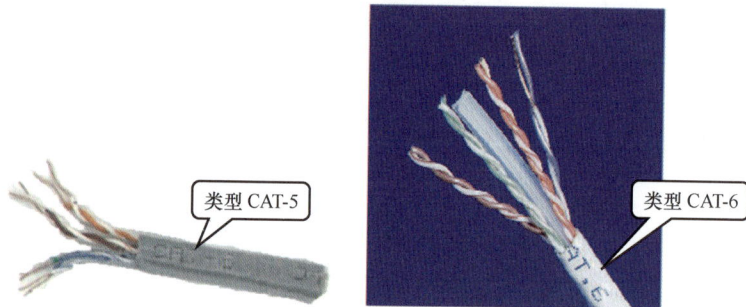

类型 CAT-5

类型 CAT-6

图 2-3-3　双绞线外皮标识

3．RJ-45 连接器

RJ-45 连接器俗称"水晶头"，其中，RJ 表示是已注册的插孔，它是一种自动防止脱落的接头。双绞线需要通过 RJ-45 接头与网路设备接口相连接。RJ-45 水晶头、插座及其连接线的实物如图 2-3-4 所示。

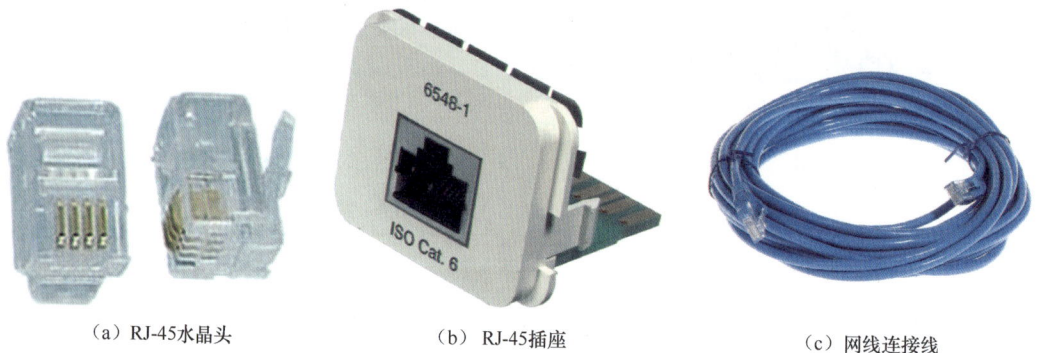

6548-1

ISO Cat. 6

（a）RJ-45水晶头　　　　　　（b）RJ-45插座　　　　　　（c）网线连接线

图 2-3-4　RJ-45 连接器

（1）双绞线的布线标准

在网络技术中，各种网络元件如何连接是有标准的，按照布线规定，常用的 RJ-45 接头有 T568A 和 T568B 两种不同的标准。

具体说明如下：将水晶头面向自己（小尾巴在背面），网线 RJ-45 接头（水晶头）从左到右线序排线示意如图 2-3-5 所示。

（2）网络的直通线连接

直通线互连有如下几种情况。

① 计算机←→ADSL 猫。

② ADSL 猫←→ADSL 路由器的 WAN 口。

③ 计算机←→ADSL 路由器的 LAN 口。

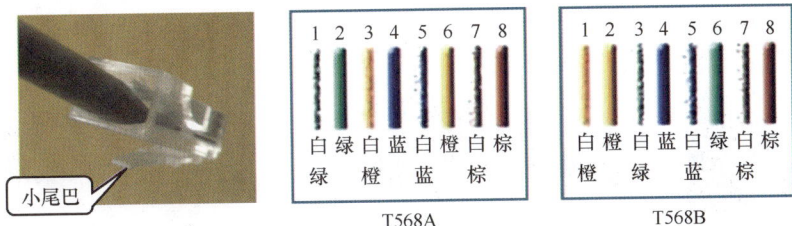

图 2-3-5 RJ-45 接线图

直通线的两端可使用相同的 568A 或 568B 标准，但实际上用 B 标准多一些，示意如图 2-3-6 所示。

图 2-3-6 直通线的连接

（3）网络的交叉连接

计算机←→计算机互连。

交叉线的一端使用 568A，另一端则使用 568B 标准，如图 2-3-7 所示。

（4）水晶头制作（以 T568B 线序为例）

① 在网线的一端剥去 2cm 长的护皮，如图 2-3-8 所示。

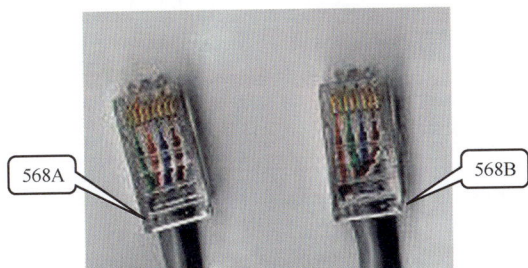

图 2-3-7 交叉线的连接

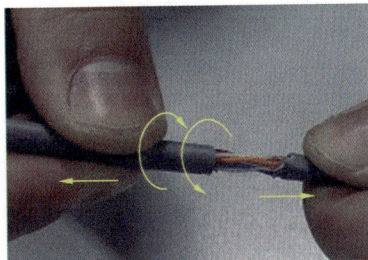

图 2-3-8 割破双绞线的绝缘层

② T568B 线序将网线编组即白橙、橙、白绿、蓝、白蓝、绿、白棕、棕，将线平直排好、剪齐，如图 2-3-9 所示。然后插入插头，用压线钳夹紧。至此，这个 RJ-45 头就压接好了，按照相同的方法制作双绞线的另一端水晶头。最后使用测量仪检查，网线测试仪如图 2-3-10 所示。

两端都做好水晶头后插入网线测试仪进行测试，具体测试方式应参照产品说明书进行。例如某一测试仪的测试方法如下。

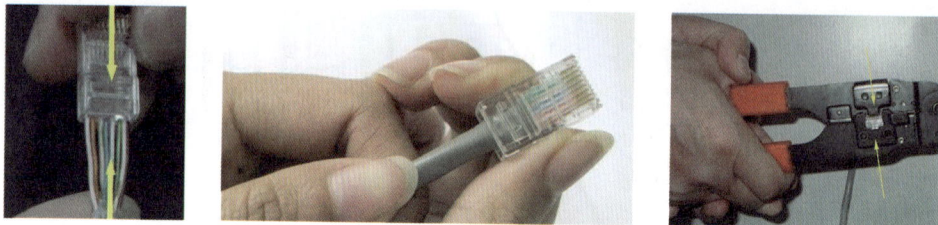

图 2-3-9　水晶头的制作

如果测试仪上 8 个指示灯都依次为绿色闪过，证明网线制作正确。如果出现任何一个灯为红灯或黄灯，都证明存在断路现象。需检查一下两端芯线的排列顺序是否一样，如果不一样，则按另一端芯线排列顺序重新制作水晶头。

水晶头虽小，但其重要性不能忽视，许多网络故障中就有相当一部分是因为水晶头质量不好而造成的。水晶头也有几种档次之分，一般比较好的像 AMP（安普）这样的名牌大厂的质量要可靠些，不过价格要比市场上的一些杂牌的贵些。建议在选购时千万别贪图便宜，否则质量得不到保证。质量不好主要体现在它的接触探针是镀铜的，容易生锈，造成接触不良，网络不通。质量差的还有一点明显表现为塑料扣拉不紧（通常是变形所致），造成网络时通时断。

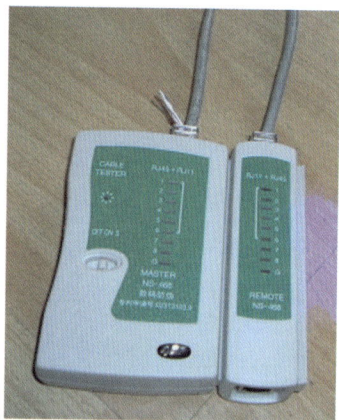

图 2-3-10　网线测试仪

4．网络连接

（1）宽带入户

① 宽带入户接线示意

宽带入户接线示意如图 2-3-11 所示。由图可知宽带网线接入 WAN 口后，再从有线路由器通过 LAN 口引网络线到每个房间的墙壁计算机插座上，用计算机网络跳线一头插入墙壁计算机插座，一头连接至计算机，这样每个房间中的计算机则可宽带共享上网了。

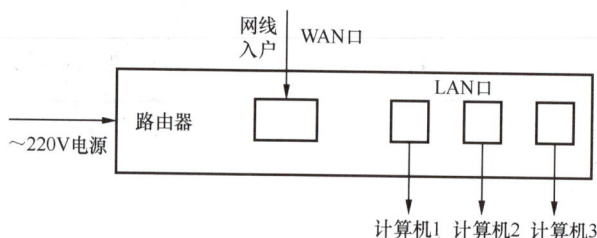

图 2-3-11　宽带入户接线示意图

② 路由器

由图 2-3-11 可见，宽带入户采用路由器配置简单，很实用。下面对路由器作一简介。

路由器（Router），英文意译为选定的路线。路由器是互联网的主要节点设备。当数据从一个子网传输到另一个子网时，可通过路由器来完成。其中路由器上的 WAN 口就是广域网口（Wide Area Network，WAN），是连接 Internet 用的，所以它又被称为 Internet 接口。

即 WAN 口的作用是用于连接外部网络。LAN 口是本地网或局域网（Local Area Network，LAN），LAN 口用来连接家庭内部网络，主要与家庭网络中的交换机或 PC 相连。

另外，路由器和壁式插座是通过 RJ-45 来连接的。

③ 家庭用宽带路由器

宽带路由器是一种针对宽带共享上网的产品，其中 TL-R402 SOHO 宽带路由器是专为家庭用户设计的。其实物如图 2-3-12 所示。

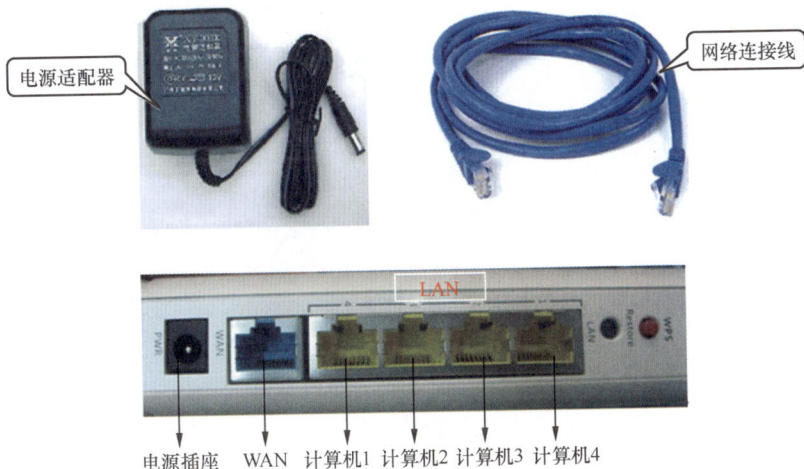

图 2-3-12　宽带路由器产品

由图 2-3-12 可知，家用宽带路由器配置 4 个 LAN 接口和 1 个 WAN 接口，LAN 接口用来连接局域网计算机，而 WAN 接口用来连接宽带入户线。具体操作步骤大致如下。

a．使用随购买路由器时附带的电源适配器给路由器供电。

b．将路由器 LAN 口与计算机网卡连接。

c．将宽带入户线与路由器 WAN 口连接。

d．将购买路由器时附带的光盘放入计算机光驱中进行软件设置。

e．在使用过程中，观察路由器正面指示灯，可大致了解故障的方位。

f．Reset：重启键，持续按下此按钮 8s，会清空所有设置值，恢复为出厂预设。

TL-R402 SOHO 宽带路由器正面图如图 2-3-13 所示。

图 2-3-13　TL-R402 SOHO 宽带路由器正面图

a．TP-LINK：是某有限公司的英文名，是专门从事网络与通信终端设备生产的主流企业。

b．TL-R402：小型路由器的产品型号。

c. 指示灯状态及说明，如表 2-3-1 所示。

表 2-3-1　　　　　　　　　　　　　指示灯状态及说明

指示灯标识	汉语意义	状　态	说　明
PWR	电源开关	常亮	表示电源供电正常
SYS	系统标识灯	闪烁	表示系统已正常运行
WAN	广域网接口	常亮	表示连接正常
		闪烁	表示信号已在传递
LAN	局域网接口	常亮	表示正常联机
		闪烁	表示信号已在传递

（2）电话线入户

在没有宽带条件时，使用电话线上网是一种选择，若用户是较长时间打算的话，可先去电信局营业厅办理上网登记，也就是开通电话线上网，之后工作人员会来你家安装并调试。

电话线上网即 ADSL 宽带上网，是目前城镇上网的主流。数字用户线（Digital Subscriber Line，DSL）是一种高速上网宽带接入技术，该技术采用较先进的数字编码技术和调制解调技术在常规的电话线上传送宽带信号。

国内目前最主流宽带接入方式是 ADSL（Asymmetric Digital Subscriber Line，非对称数字用户线），ADSL 是 DSL 技术的一种。

家庭电话线上网的接线示意如图 2-3-14 所示。

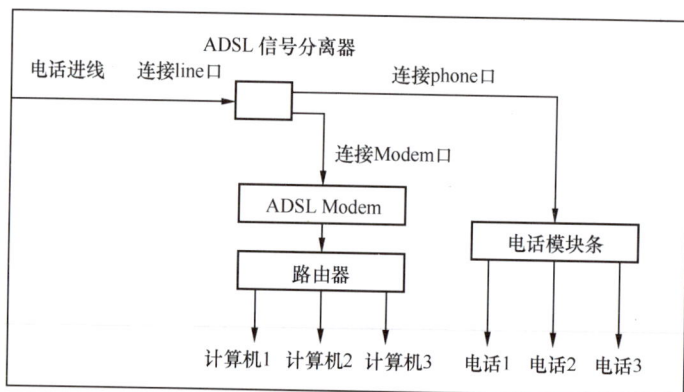

图 2-3-14　家庭电话线上网接线

下面对系统的相关配件作一简介。

① ADSL 信号分离器

信号分离器是用来将 ADSL 电话线路中的高频信号（上网信息）和低频信号（语音信号）分离的设备。低频语音信号由分离器接电话机，高频数字信号则接往调制解调器 ADSL Modem，安装 ADSL 后，在 ADSL Modem 包装内附有一只火柴盒形状的语音 / 数据分离器（如图 2-3-15 所示）。语音 / 数据分离器用于隔离数据信号，使用了它才能保证打电话不影响上网，上网不干扰打电话。如果电话线只用来上网，那么信号分离器就不需要了。

图 2-3-15　信号分离器

信号分离器有 3 个接口，其中，标示为"LINE"的为输入线插口，另外两个插口分别是电话机和调制解调器，其接线示意如图 2-3-16 所示。

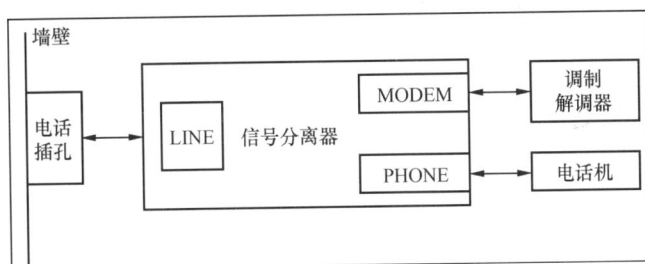

图 2-3-16　信号分离器接线示意图

② 调制解调器

调制解调器实物如图 2-3-17 所示。调制解调器的英文是 MODEM，根据 MODEM 的谐音，人们往往亲昵的称之为"猫"，它是计算机与电话线之间进行信号转换的装置。由于电话线路传输的只能是模拟信号，而 PC 之间传输的是数字信号。当计算机通过电话线路连入 Internet 时，就必须使用调制解调器来把模拟信号"翻译"成数字信号。

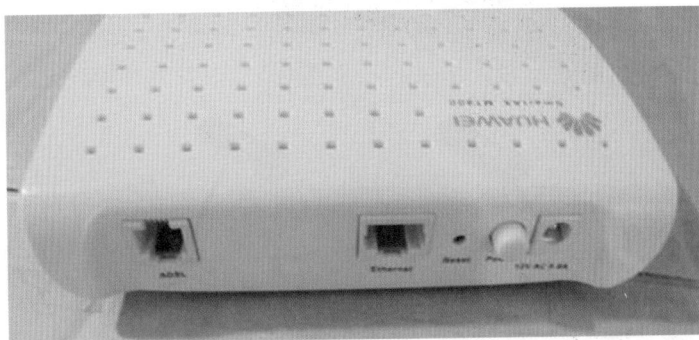

图 2-3-17　调制解调器

通常 ADSL Modem 有电源开关、电源插口、指示灯、电话线插口（RJ-11）、网络线插口（RJ-45）。部分型号的 ADSL Modem 通过网线与计算机相连，有 USB 接口的 ADSL Modem 也可以通过 USB 连接线与计算机相连。

ADSL Modem 指示灯是 ADSL 状态的一种说明，正常连接后 ADSL 上的"ADSL 或 LINK"灯会正常闪亮——常亮绿灯。

（3）无线上网卡上网

无线上网卡指的是无线广域网卡。连接到无线广域网，它可以在拥有无线电话信号覆盖的任何地方。无线上网卡的大小类似 U 盘，插入计算机接口后直接可以通过无线电波上网，只要有信号覆盖就可以，原理类似于手机。无线上网卡的使用如图 2-3-18 所示。

图 2-3-18　无线上网卡

和其他很多外设一样，选购无线上网卡也需要在接口选择方面多加考虑或请教内行。目前，无线上网卡主要采用 PCMCIA、CF 以及 USB 接口。

有些青年人租住在别人的房子里，而原房屋又没有网线，因此使用无线上网卡上网也是一选。使用无线上网卡和笔记本上网是一种很好的组合，简单易于操作，但费用还是高了些。

（4）无线网卡上网

无线网卡是指在无线局域网的信号覆盖下，通过无线连接网络进行上网的无线终端设备，它与提供无线环境的路由器配合才能实现用户的无线上网。

由图 2-3-19 可知，无线网卡好比是接收器，无线路由相当于发射器，首先要将 Internet 有线接入到猫上，再将猫接到无线路由器上，路由器将有线信号转换成无线信号发射出来，计算机通过无线网卡接收信号从而实现无线上网。

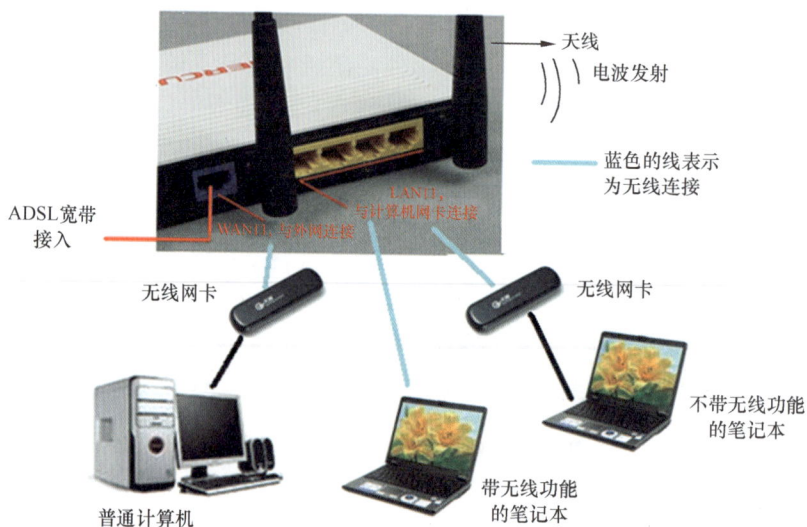

图 2-3-19　无线路由器

网卡根据接口不同，主要有 PCMCIA（笔记本用）无线网卡、PCI 无线网卡（台式机用）、USB 无线网卡（台式机和笔记本用）。

一般路由器可以拖 2 ～ 4 个无线网卡，50m 内效果较好，有的笔记本有内置的无线网卡，有的没有，那么则可使用外置的无线网卡上网，外置的无线网卡如图 2-3-20 所示。

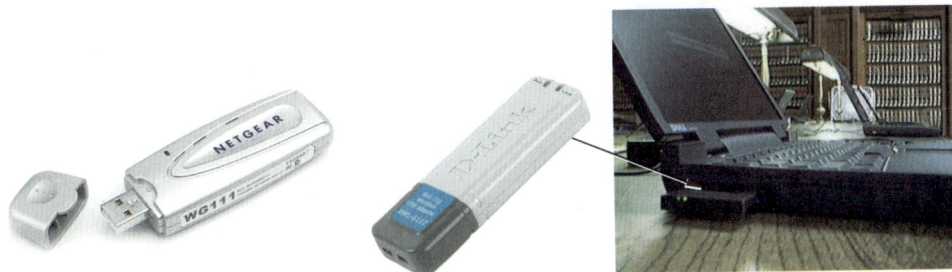

图 2-3-20　外置的无线网卡

对于使用或安装无线路由器的人们来说，了解无线路由器上面的指示灯具有实际的意义。无线路由器反面面板上指示灯排列如图 2-3-21 所示。

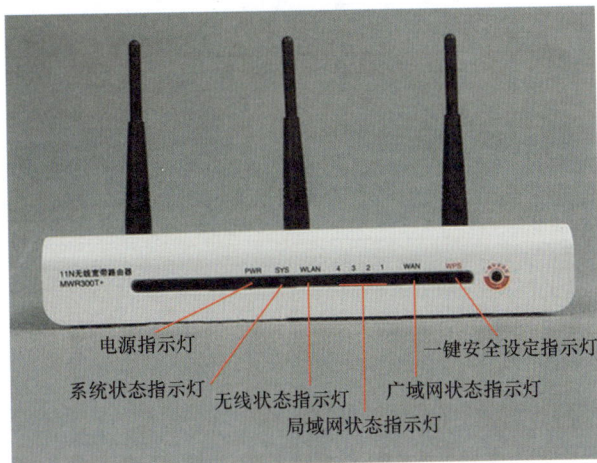

图 2-3-21　无线路由器后面面板指示灯

指示灯的意义简介如表 2-3-2 所示。

表 2-3-2　　　　　　　　　　　　　指示灯的意义

指示灯标识	汉语意义	状态	说明
PWR	电源指示灯	稳定灯亮	亮说明电源有电，熄灭说明没电
SYS	系统运行状态灯	闪烁	正常运行
WAN	广域网（外网）指示灯	常亮	表示 WAN 口连接正常
		闪烁	表示正在传递信号
LAN	局域网指示灯 1/2/3/4	常亮	正常联机
		闪烁	正在传递信号
WLAN	无线局域网指示灯	闪烁	表示无线信号正常
		熄灭	表示无线信号已关闭

5．家用网络交换机

网络交换机（又称"网络交换器"），是一个扩大网络接入的设备，能为子网络中提供更多的连接端口，以便连接更多的计算机。要实现共享上网就必须要外接一个路由器，由于现在的路由器都已经内置了交换机，可以实现少量计算机共享上网，对普通家用来说已经足够了，但有时特殊情况需要 10 台计算机上网，选择普通的路由器都只有 4 口，无法满足需要，这时就可以考虑增加 1 台或 2 台交换机来实现共享上网。一台小型的家庭式办公网络交换机及其相关设备实际接线如图 2-3-22 所示。

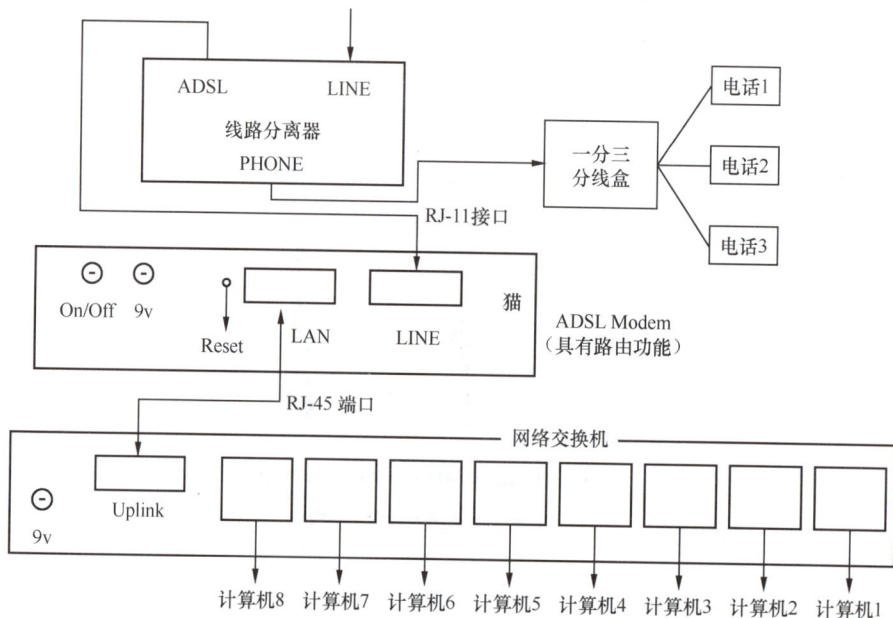

图 2-3-22　家用网络交换机接线

从图 2-3-22 上可以看到，网络交换机通过 UpLink 口与 ADSL Modem 的 LAN 相接，这种接口为早期的产品。现在网络交换机如图 2-3-23 所示。

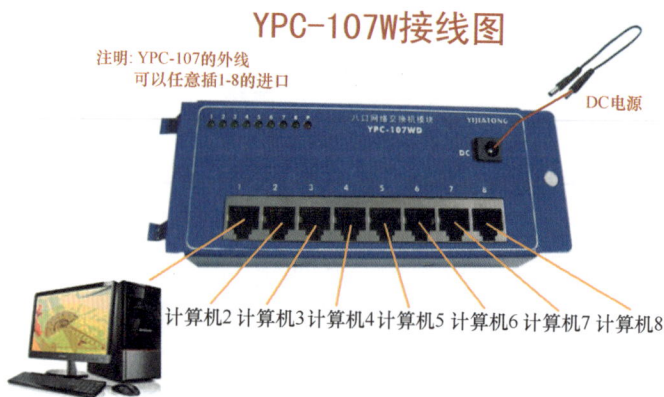

图 2-3-23　网络交换机接线示意图

6. 计算机插座

计算机插座是通过连接线将外线信号输入到计算机的部件，连接情况如图 2-3-24 所示。

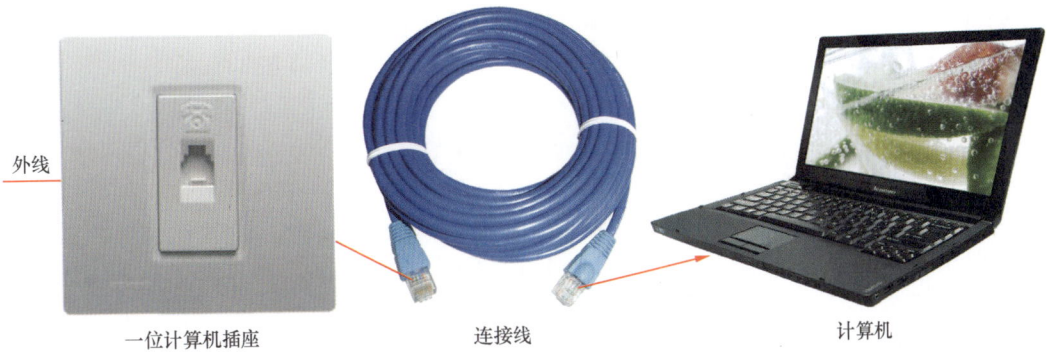

外线

一位计算机插座　　　　　　连接线　　　　　　　计算机

图 2-3-24　连接情况

第四节　常用家庭视听设备接口和连接线

　　如今的现代化家庭都有电视机、机顶盒、计算机、摄像机、投影机等各种设备，面对众多的接口（如图 2-4-1 所示）及连接线许多人往往感到棘手，故而了解一点关于视听设备的接口及连接线知识是必要的。

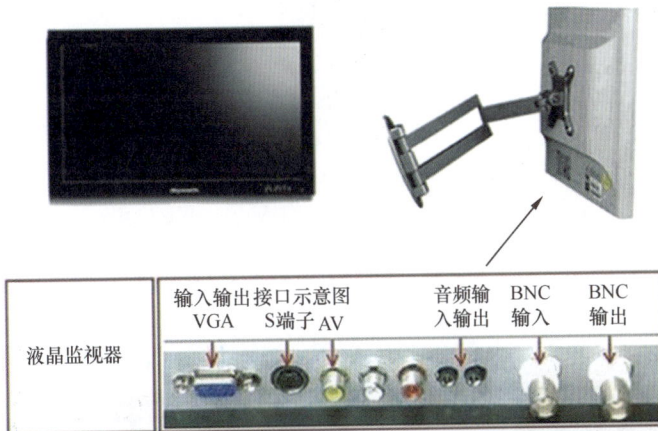

液晶监视器

输入输出接口示意图　　　　　　音频输　BNC　BNC
VGA　S端子　AV　　　　　　　入输出　输入　输出

（a）液晶监视器上的接口

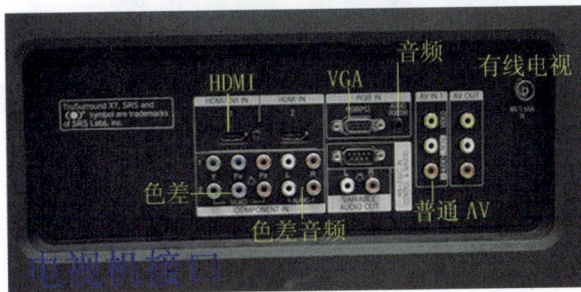

HDMI　　VGA　　音频　　有线电视

色差　　　　　　　　　　　　　普通 AV

色差音频

（b）电视机上的接口

图 2-4-1　家用电器常用接口

1. 视频接口及视频线

顾名思义，视频接口及视频线是用来连接和传输视频信号的，或者说它被用来连接播放设备及显示设备，对于家庭用户，视频接口和视频线主要有以下几种。

（1）S 端子

S 端子接口是一种视频接口，其全称是 Separate-Video。Separate（分离）Video（视频）的意义就是分离视频信号。常见的 S 端子是 1 个 5 芯接口，其中两路传输视频亮度信号，两路传输色度信号，一路为公共屏蔽地线，即 S 视频端子是将亮度和色度分离输出的设备，其目的是为了避免视频信号中亮度和色度的互相干扰。S 端子线和 S 端子口如图 2-4-2、图 2-4-3 所示。

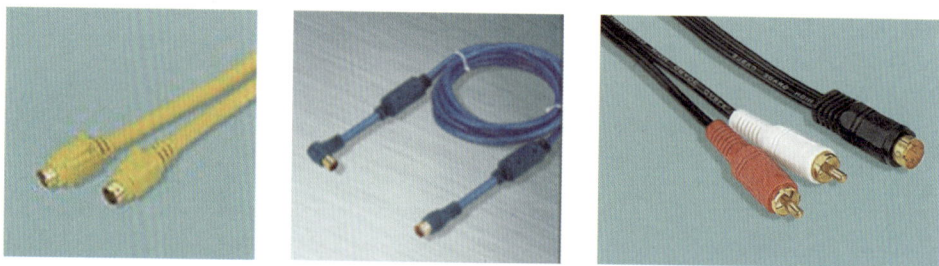

图 2-4-2　S 端子线

图 2-4-3　S 端子口

一般 DVD 或 VCD、TV、投影机、PC 都具备 S 端子输出功能。电视机背面的 S-Video 口如图 2-4-4 所示。

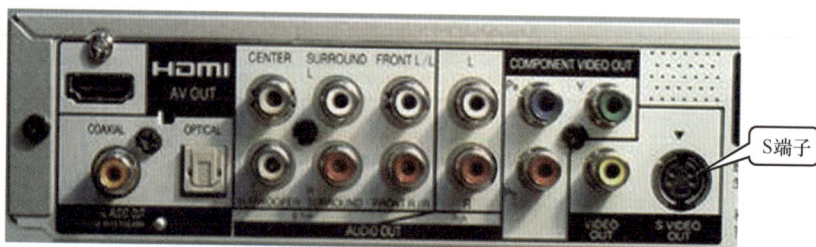

图 2-4-4　某平板电视机背面 S 端子

例如在计算机显卡中的视频信号通过 S 端子线可与电视机的 S 端子相连进行显示。笔记本电脑的 S 端子如图 2-4-5 所示。

（2）VGA 接口和 VGA 线

VGA（Video Graphics Array）也是一种常用的视频接口。VGA 线是计算机与显示器之间的桥梁，通过它把计算机显卡处理的信息（计算机以数字方式生成的图像信号通过显卡中的 D/A 转换器转换为 R、G、B 三基色信号和行、场同步信号）向显示器输出相应的图像信号。由于 CRT 显示器只能接收模拟信号输入，因此，VGA 接口就是显卡输出模拟信号的接口，通过 VGA 线连接设备，传输模拟信号，其实物如图 2-4-6 所示。

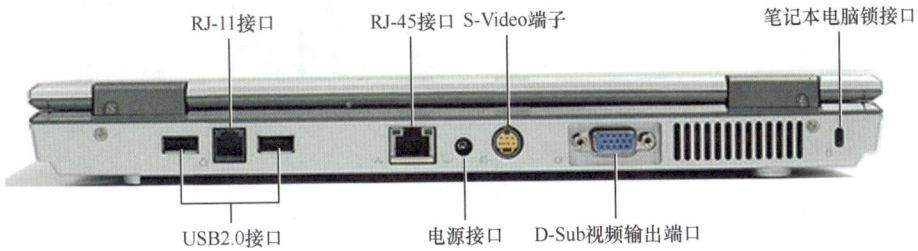

图 2-4-5　笔记本电脑的 S 端子

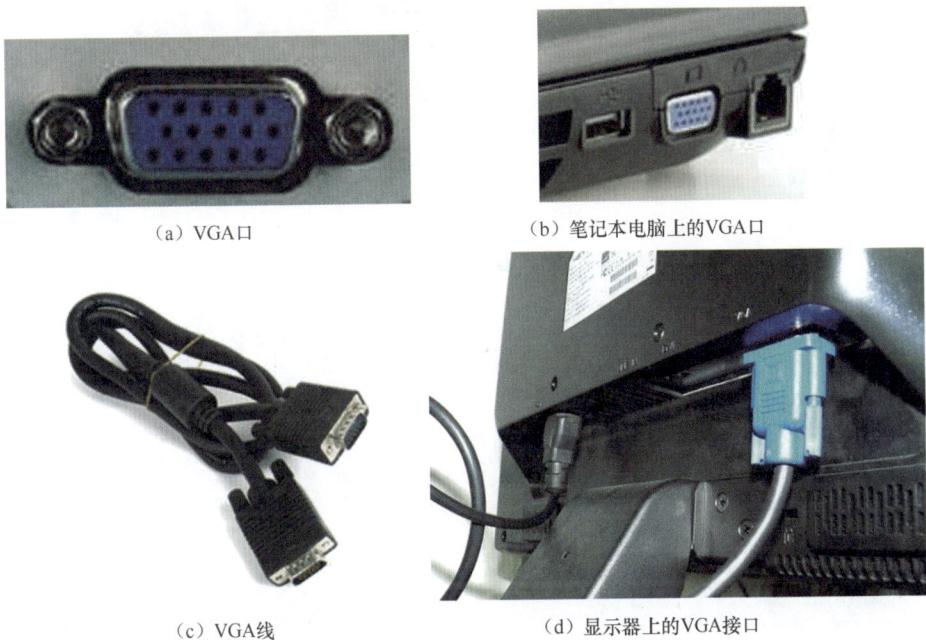

（a）VGA口

（b）笔记本电脑上的VGA口

（c）VGA线

（d）显示器上的VGA接口

图 2-4-6　VGA 接口和 VGA 线

由图 2-4-6 可知，VGA 接口是一种 D 型接口，上面共有 15 针孔，分成 3 排，每排 5 个，底色为蓝色。

（3）DVI 接口和 DVI 线

DVI（Digital Visual Interface）是一种数字视频接口。

图 2-4-7（a）所示是 DVI-D 接口，只能接收数字信号；图 2-4-7（b）所示是 DVI-I 接口，可同时兼容模拟和数字信号。兼容模拟信号并不意味着模拟信号的 VGA 接口可以连接在 DVI-I 接口上，而是必须通过一个转换接头才能使用，一般采用这种接口的显卡都会带有相关的转换接头。

（a）DVI-D接口   （b）DVI-I接口

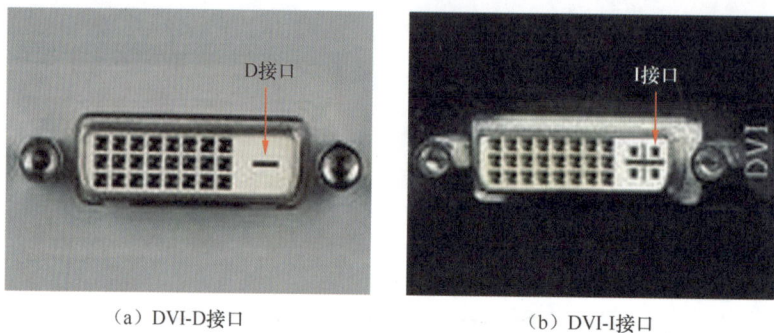

图 2-4-7　DVI 接口

DVI 接口常用于数字电视设备中，DVI 接口和 DVI 线如图 2-4-8 所示。

（a）带DVI-I的液晶电视机   （b）带DVI-D的液晶电视机

（c）DVI线   （d）DVI-VGA转换线

图 2-4-8　DVI 接口和 DVI 线

（4）HDMI 与 HDMI 线

HDMI（High Definition Multimedia Interface）是高清晰度多媒体接口的英文缩写。HDMI 是随着数字电视、高清电视和平板电视兴起而出现的一种新型接口，只需要一条 HDMI 线缆，就能实现高清视频以及音频信号的实时传输，大大简化了系统的安装。当前主流的电视机都配备了 HDMI，如图 2-4-9 所示。

另外，HDMI 还可用于机顶盒、DVD 播放机、个人计算机、数字音响与电视机等影音设置。HDMI 线的连接也比较简单，只要将 HDMI 线分别插入计算机与电视端的 HDMI 就可以了。

HDMI 有若干种版本和接口的尺寸，购买时要注意选择。例如，图 2-4-10 所示的 1.4 版本的线材支持更高的分辨率，更有利于家庭高清电视，而且支持更新的 3D 功能

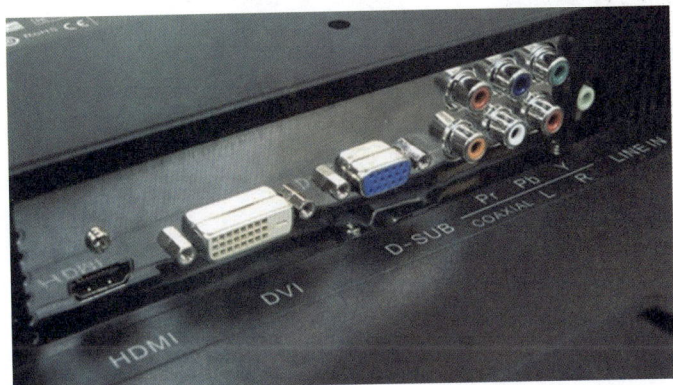

图 2-4-9　某电视机的 HDMI

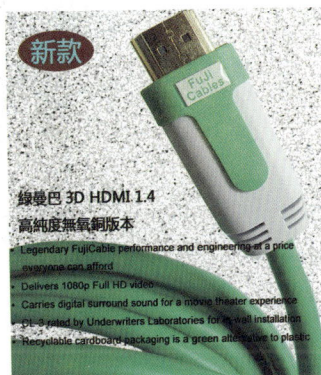

图 2-4-10　HDMI 线

（5）色差分量接口和色差线

色差分量接口（Component）接口是模拟接口，采用 YPbPr 和 YCbCr 两种标识，前者表示逐行进行扫描色素输出，后者表示隔行扫描色素输出。若电视只有 YCbCr 分量端子的话，说明电视不能支持逐行分量，若有 YPbPr 分量端子的话，便说明支持逐行和隔行两种分量，如图 2-4-11 所示。

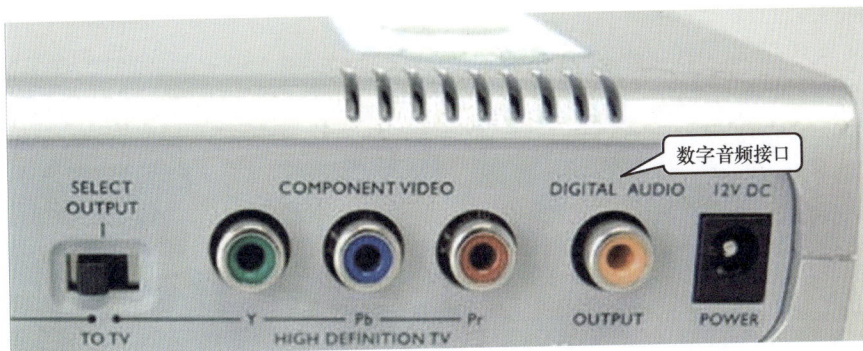

图 2-4-11　色差分量接口

色差分量接口一般利用 3 根信号线分别传送亮色和两路色差信号。不难理解，红、绿、蓝是色彩显示原理中的三基色。所谓的色差就是通过亮度信号 Y 和两个色差信号（R-Y、B-Y）来表达色彩，有的 DVD 机、液晶电视以及家用投影机一般都会带有这种接口。

由于色差信号表达的还是视频图像信号，所以色差连接还需要独立的音频线连往色差分量接口，三色差线如图 2-4-12 所示。

（6）BNC 接口

BNC 是 Bayonet Nut Connector（刺刀螺母连接器）的缩写，由于 BNC 接口的特殊设计，连接非常紧，不必担心接口松动而产生接触不良。BNC 是一种同轴电缆连接器，如图 2-4-13 所示。

（a）三对三色差线

（b）音频线

图 2-4-12　三色差线

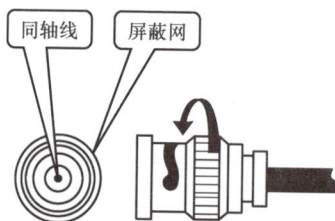
同轴线　屏蔽网

（a）BNC接头

（b）BNC连接线

图 2-4-13　BNC 接口

　　由于同轴电缆是一种屏蔽电缆，所以有传递距离长、信号稳定的特点。BNC 接口一般是指同轴电缆接口，主要用于连接高端家庭影院产品以及专业视频设备，BNC 电缆有 5 个连接头，分别接收红、绿、蓝、水平同步和垂直同步信号。BNC 接口和连接电缆如图 2-4-14 所示。

（a）BNC接口

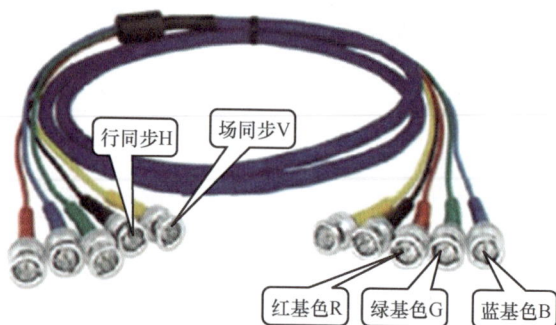
行同步H　场同步V

红基色R　绿基色G　蓝基色B

（b）BNC电缆

图 2-4-14　BNC 连接

2. 音频接口及音频线

（1）音频接口

音频接口（Radio Corporation of American，RCA）的任务是传输音频信号，几种常见的音频接口如图 2-4-15 所示。

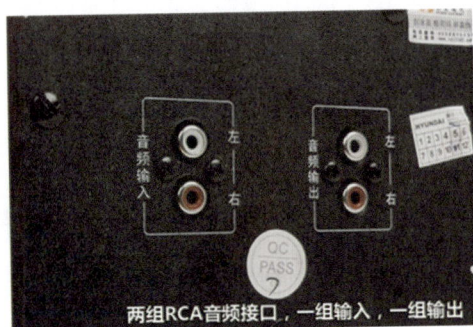

（a）RCA插口

（b）RCA插口

（c）AV插口

（d）3.5mm插口

图 2-4-15　常用音频接口

（2）音频线

音频线是用来连接音源设备和功率放大器的。

① 莲花头

莲花头音频线是音频线的一种，一套音频线通常是两根，分为左右两个声道，因其头部比较像莲花，故称"莲花头"，常用于计算机、录像机、影碟机等设备的音频信号的传输，其实物如图 2-4-16 所示。

一分二莲花线

二对二莲花头音频线

图 2-4-16　莲花头

② 3.5mm 插头—3.5mm 插头

此种插头适用于电视机、计算机、CD 机、VCD、DVD、MP3、卡座灯音源插座，如图

2-4-17 所示。例如，通过此线可以将 VCD 机或其他 3.5mm 的播放设备上的音频信号输入到计算机中。此种音频线也有多种规格，例如 5mm 对 3.5mm 标准双插头设计，适合连接 MP3、MP4、GPS、笔记本电脑等多种外接音源设备。

③ 话筒线

话筒线常称麦克风（Microphone，简称 Mic）线，它是一种两芯的同轴线，用于连接功放与话筒。由于无线话筒的兴起，此种线的发展越来越窄。话筒线的实物如图 2-4-18 所示。

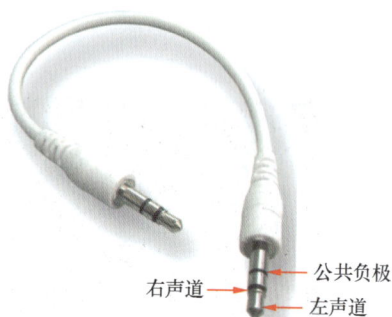

图 2-4-17　3.5mm—3.5mm 插头

右声道　公共负极　左声道

图 2-4-18　话筒线

因为音源设备与功放经常放在一起，这些线都很短，音频线在布线时基本无需考虑，后期配置即可。

（3）音箱线

音箱线，俗称喇叭线。它是连接控制分机到音箱或是家庭影院功放末级连接音箱用的线，鉴于推动功率大，故而线径很粗。为了保证高频通过和减小电阻衰减，大多是镀银、镀金的铜线或铜银合金线。人们在科学实验的过程中发现导线的铜质对音频信号的传输质量有影响，铜导线的质地越纯，传输的效果就越好，所以音箱线多采用无氧铜［基本不含氧化物（杂质）的铜线］。

音箱线实物如图 2-4-19 所示。

图 2-4-19　音箱线

音箱线在安装时不能过长，一般约为 2 ～ 3m。另外，音箱线一般是多股线，有 50 芯～ 500 芯多种规格，主音箱一般选用 200 支以上的音响线；环绕音箱用 50 ～ 100 支的音响线；音响线布线时，应用 PVC 线管进行埋设，但不能与强电同管。

3．AV 复合视频接口和 AV 线

（1）AV 接口

AV 复合（Composite）视频接口是目前在视听产品中应用得最多的接口。AV 接口实物如图 2-4-20 所示。

图 2-4-20　AV 接口

由图 2-4-20 可知，该接口由黄、白、红 3 路 RCA（莲花插头）接头组成。其中，黄色接头传输视频信号，白色接头传输左声道音频信号，红色接头传输右声道音频　信号。

由于 AV 接口实现了音频和视频的分离传输，从而避免了音频与视频互相干扰，例如 AV 接口广泛应用于电视与 DVD 的连接，在连接方面也很简单，只需将 3 种颜色的 AV 线与电视机、DVD 的 3 种颜色的接口对应连接即可。

（2）AV 线

AV 线就是家庭音响中音频线（Audio Cable）和视频线（Video Cable）相加的英文简称。其实物如图 2-4-21 所示。

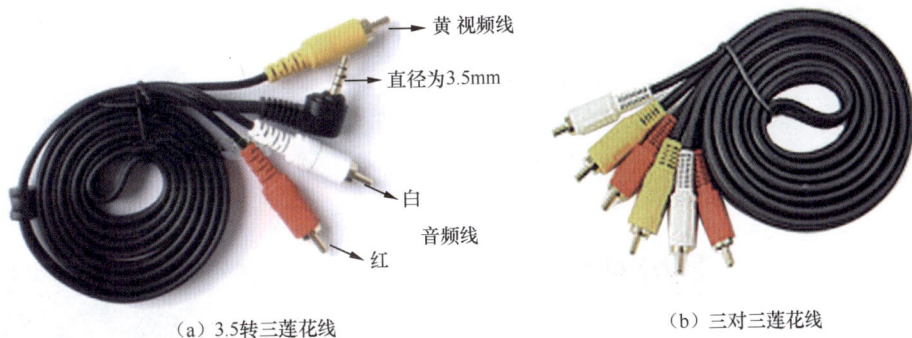

（a）3.5转三莲花线　　　　　　（b）三对三莲花线

图 2-4-21　AV 线

由图 2-4-21 可见，AV 线有 3 条线，分别为：音频（红色与白色线，组成左右声道，右声道用红色表示，左声道用白色表示）和视频（黄色线）。

4．射频接口

射频接口即 RF（Radio Frequency）接口，是一种天线接口和有线电视接口，如图 2-4-22 所示。所谓的射频指的是音频的载波信号，频率很高。

图 2-4-22 所示为 RF 接口的应用，传统电视机的 TV 接口就是 RF 接口。

5．USB 接口

USB 是英文 Universal Serial Bus（通用串行总线）的简称。USB 接口是一种四针接口，其中，中间两个针传输数据，两边两个针给外设供电。利用 USB 可以对网络、计算机和家庭数码产品的媒体资源进行共享。经过多年的发展，USB 有多种版本。USB 具有传输速度快（USB1.1 是 12Mbit/s，USB2.0 是 480Mbit/s，USB3.0 是 5Gbit/s），使用方便，支持热插拔，可以连接鼠标、键盘、打印机、扫描仪、摄像头、MP3、手机、数码相机、USB 网卡、ADSL Modem 等数码产品的外部设备。USB 实物及使用示例如图 2-4-23 所示。

（a）机顶盒中的RF接口

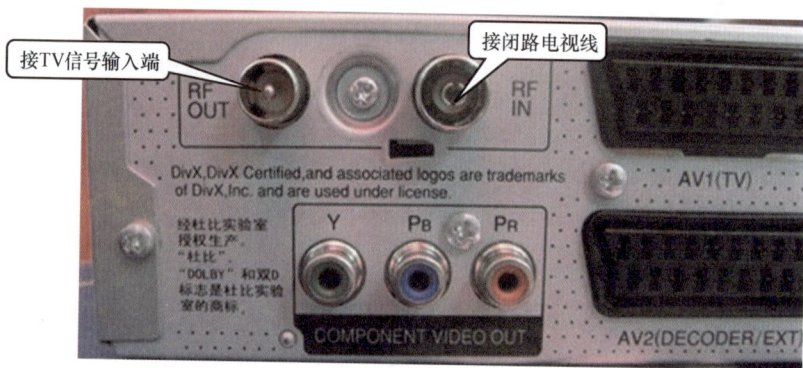

（b）录像机中的RF接口

图 2-4-22　RF 接口

（a）USB接口

（b）USB线

（c）U盘

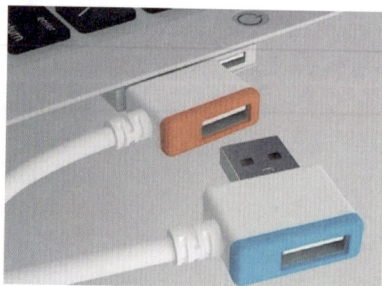

（d）使用方法

图 2-4-23　USB 接口

6．音、视频布线

视频线有多种方式可以选择，选择的依据是视频设备的接口及业主本人的需求，但无论采用哪一种视频线，都建议将视频线穿管。因为色差和 DVI 这样的视频线都很粗，暴露在外面会影响居室的美观。

相比音响线而言，音频线布线方面也比较简单。音频线是用来连接音频设备和功放的，在布线时基本无需考虑，因为音频设备与功放通常放在一起，后期配置即可。

第五节　家庭影院系统

顾名思义，家庭影院是一种家庭环境中播放电影片中的播放系统，不仅可以看电影、听音乐、唱卡拉 OK，也可以接机顶盒看电视，下载网络节目观看。如今，家庭影院是时尚家庭的首选。家庭影院示意如图 2-5-1 所示。

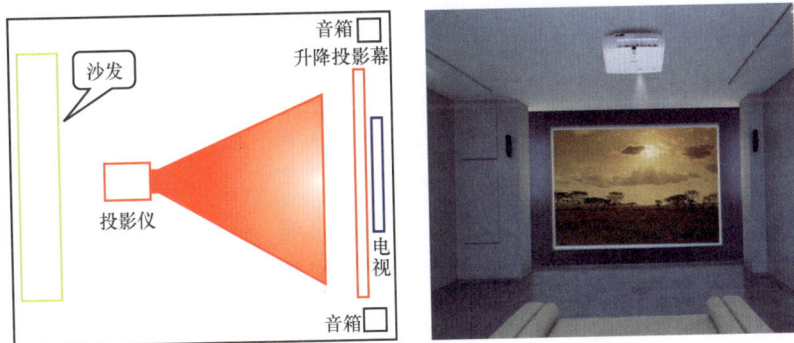

图 2-5-1　家庭影院示意图

它主要由微型投影仪、影碟机、AV 功放和音箱系统所组成，下面对几个部件作一简介。

① 微型投影仪

微型投影仪又称为便携式投影机，有了它看电影就容易了。只要把电影复制到 U 盘里插到投影仪上就可以看，非常方便。由于投影面积大，效果跟电影院差不多。另外，它可以连接机顶盒放电视，也可以连接计算机同步显示计算机画面，当然也能连接 DVD、录像机等数码产品。

现在一种超迷你投影仪风靡全球，其体积仅为传统投影仪的百分之一、重量仅为传统投影仪的百分之二（净重 85g）、功耗仅为传统投影仪的百分之一、灯泡寿命为传统投影仪的10 倍（10 年左右），如图 2-5-2 所示。它无需驱动，直接通过 VGA 连接计算机、连接手机等具有 AV 输出功能的外设。

图 2-5-2　超迷你投影仪

超迷你投影仪内置音箱，影音完美同步输出，投影面积可达 80 ～ 100 英寸，使人们能体验超大屏幕的视觉震撼，如图 2-5-3 所示。

② 影碟机

影碟机是播放光盘的设备。此类产品升级换代很快，DVD 是目前最基本的配置。

图 2-5-3　超迷你投影仪的使用

③　AV 功放

　　AV 功放系指多声道功率放大器，多声道功放支持多的输入或多声道的输出，是家庭娱乐的音频系统的核心，最基本的要求是 5.1、6.1 或 7.1 声道系统。其中，5.1 声道是目前应用比较广泛的一个多声道放音系统，能够满足计算机游戏和家庭影音方面的一般要求。5.1 声道音响设备应该包括：2 个前置音箱、2 个后置音箱、1 个中置环绕、1 个重低音炮。这 5 个声道相互独立，其中，"1" 声道是一个专门设计的超低音声道，这一声道可以产生频响范围 20 ~ 120Hz 的超低音，具体配置如图 2-5-4 所示。

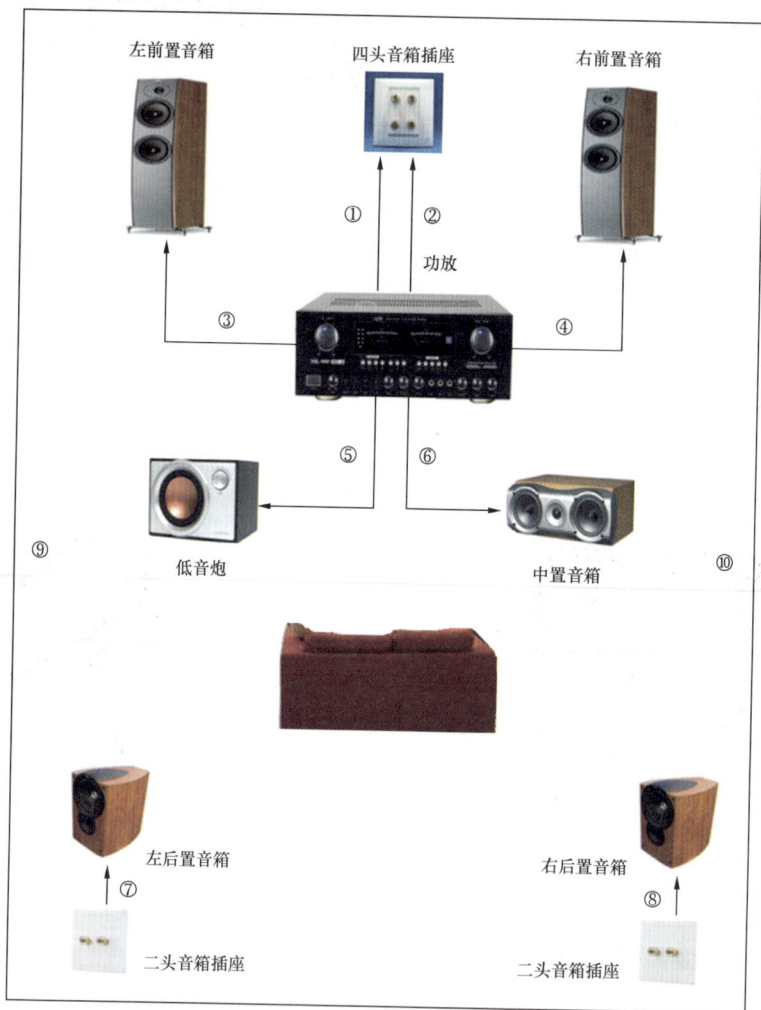

图 2-5-4　5.1 音箱系统

图 2-5-4 中，①②③④⑤⑥⑦⑧为活动的连接线（莲花线接插），⑨⑩为音箱环绕线，需布线处理。

目前，市场上小型化的组合音响品牌繁多，十分新潮，这种迷你型的音响不追求功率强劲，而以体积小、造型美观、音质纯美、摆设方便、操作简单吸引广大消费者。常见的迷你组合音响由将各种播放设备和功放集成一体的主机加上两个音箱构成，如图 2-5-5、图 2-5-6 所示。

图 2-5-5　迷你型音响

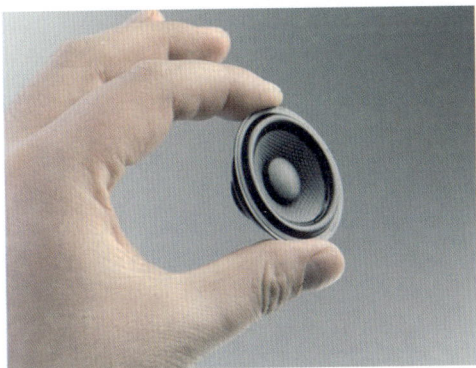

图 2-5-6　漫步者音箱

第六节　家庭背景音乐

背景音乐（Background music，BGM），也称配乐，是一种衬托背景的音乐。背景音乐希望达到一种让观众身临其境的感受。

所谓的家庭背景音乐，指能够把多种音源（DVD、VCD、计算机音源、收音机音源）在家庭任何一房间都能选择性的播放，达到资源共享的一种音乐系统。

如果在家庭里布上背景音乐线，那么家庭成员在闭目养神、吃饭、做饭时，甚至洗澡时都能沐浴在背景音乐的温馨之中。当然，每间房若单独安装了控制分机，还可调节音量大小，这样就不会影响到家庭成员间的学习或休息。

如今，家庭整体音响已成为现代家装的新时尚。背景音乐系统因其时尚、实用、价廉，会被更多的人们所关注和采纳。背景音乐的布线有两种基本类型。一种为分散式音频源，另一种为集中式音频源。

（1）分散式音频源

分散式音频源类型如图 2-6-1 所示。

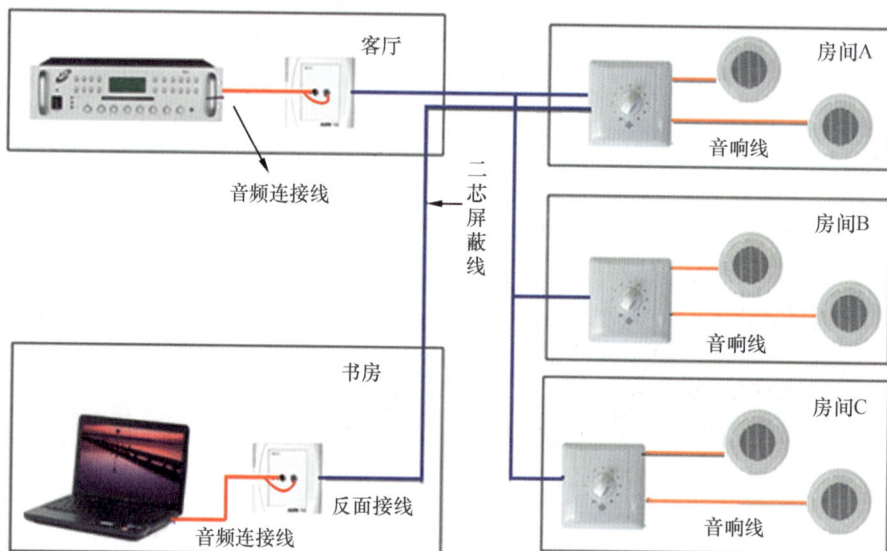

图 2-6-1　分散式音源家庭背景音乐示意图

由图 2-6-1 可知，家庭背景系统由音源、音频面板、调音器、喇叭和各种连接线所组成，下面对背景音乐各部件作一介绍。

① 系统中的连接线

a．非布线线缆

音源至音频面板的连线（图 2-6-1 中红线），可采用一分二莲花线，如图 2-6-2 所示。

b．布线线缆

二芯屏蔽线是一种音频连接线（图 2-6-1 中的蓝线）。所谓的屏蔽线是使用网状编织导线把信号包裹起来的连接线，电路中屏蔽层需要接地，这样外界信号的干扰被导入大地，从而避免了对音频信号的干扰，如图 2-6-3 所示。另外，音响线也属于布线电缆。

图 2-6-2　一分二莲花线

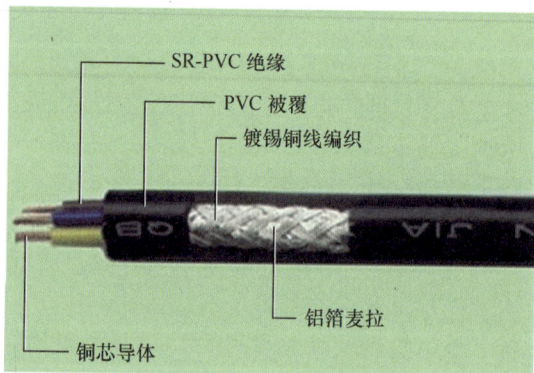

图 2-6-3　二芯屏蔽线

② 音频面板

音频面板是家庭背景音乐系统重要的组成部分之一，用于音（视）频信号的传输，以实现音（视）频共享。几种常见的音（视）频面板如图 2-6-4 所示。

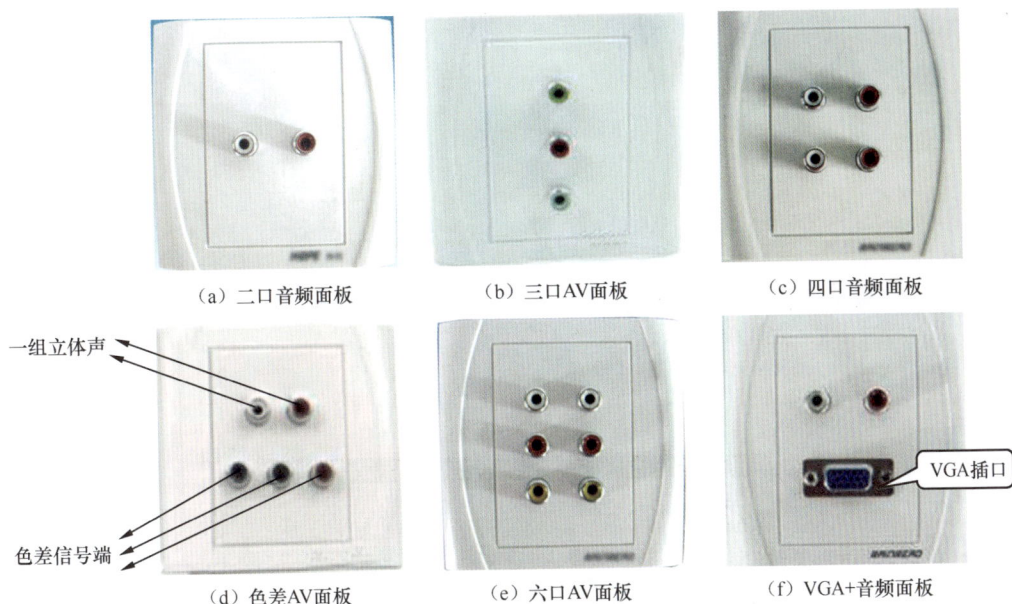

（a）二口音频面板　　　　（b）三口 AV 面板　　　　（c）四口音频面板

（d）色差 AV 面板　　　　（e）六口 AV 面板　　　　（f）VGA+音频面板

一组立体声

色差信号端

VGA 插口

图 2-6-4　音频面板

二口音频面板：支持 1 路立体声输入，1 路立体声输出。音频面板与音源（如 DVD、计算机）之间用标准的莲花头线，音频面板与切换开关用带屏蔽层的音频线连接。其中，R 为右声道（红），L 为左声道（白），屏蔽层接地 GND 端。

三口 AV 面板：支持一组 AV（音视频）信号传输。

四口音频面板：支持 2 路立体声信号传输。

色差 AV 面板：支持色差 AV（音视频）信号传输。

六口 AV 面板：支持 2 路立体声音频和 2 路视频信号传输。

VGA+ 音频面板：支持 1 路立体声音频信号和 1 组 VGA 视频信号传输。

③ 背景音乐控制器

背景音乐控制器种类很多，图 2-6-5 所示是一全数字设备，具体有如下一些功能：

a．多路音源输入；

b．多级音量调节；

c．多挡定时功能；

d．LED 分类显示。

（2）背景音乐主机音源

背景音乐主机系统布线如图 2-6-6 所示。

背景音乐主机又称为音视频交换机，如图 2-6-7 所示，可提供 4 路立体声音源输入接口以及 4 路视频输入接口。计算机、CD、VCD、MP3、FM（调频收音）等均可作为音源输入。背景音乐输送到的每个房间，通过控制分机可自由选择音源，独自开、关本房间的背景音乐以及调整音量大小。

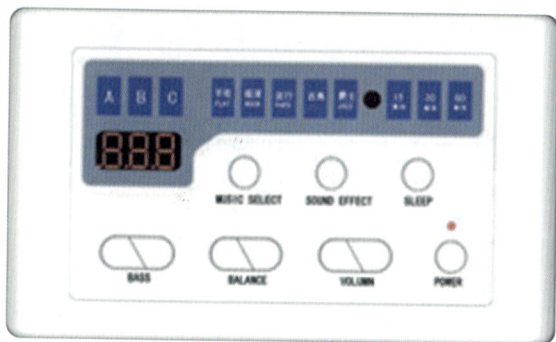

图 2-6-5　背景音乐控制器

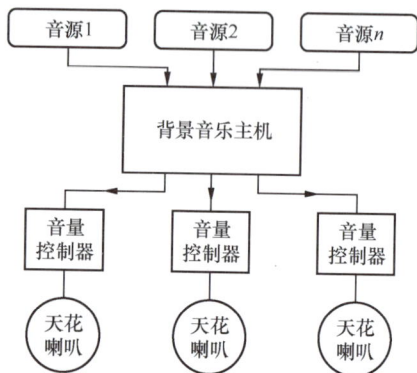

图 2-6-6　背景音乐主机系统布线

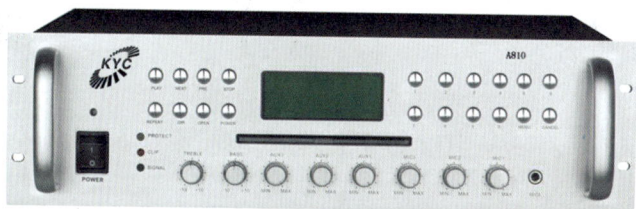

图 2-6-7　背景音乐主机

　　例如，家里只需购买一台 DVD，每个房间的电视都可通过音频交换机收看 DVD 的视频节目，另外，家里的每一台电视均可查看门口摄像头的视频监控图像。

　　最后进一步说明的是：① 背景音乐主机、调音器、天花喇叭和背景音乐线材都有现成的产品，可以直接去音响商店去咨询购买；② 天花喇叭布线时，喇叭线路布设最好跟电工布线一起做，但喇叭线是弱电，不能跟电工的强电（AC220V）靠得太近。

　　（3）背景音乐音箱

　　目前家庭背景音乐所采用的音箱主要有吸顶喇叭、壁挂音箱（嵌入式）、平板音箱（壁画形式）等几种。

　　① 吸顶喇叭

　　吸顶喇叭又名天花喇叭，吸顶喇叭品牌很多，从十几元到几百元的都有，安装比较方便，但有一点必须指出的是，吸顶喇叭用在吊顶的天花上。天花喇叭实物与安装效果如图 2-6-8 所示。

　　② 平板音箱

　　平板音箱是一种新产品。它采用平面发音，音色比吸顶喇叭好，安装时，可定制用户喜欢的壁画画面，并将平板音箱隐蔽在图面之后。平板音箱实物与安装效果如图 2-6-9 所示。

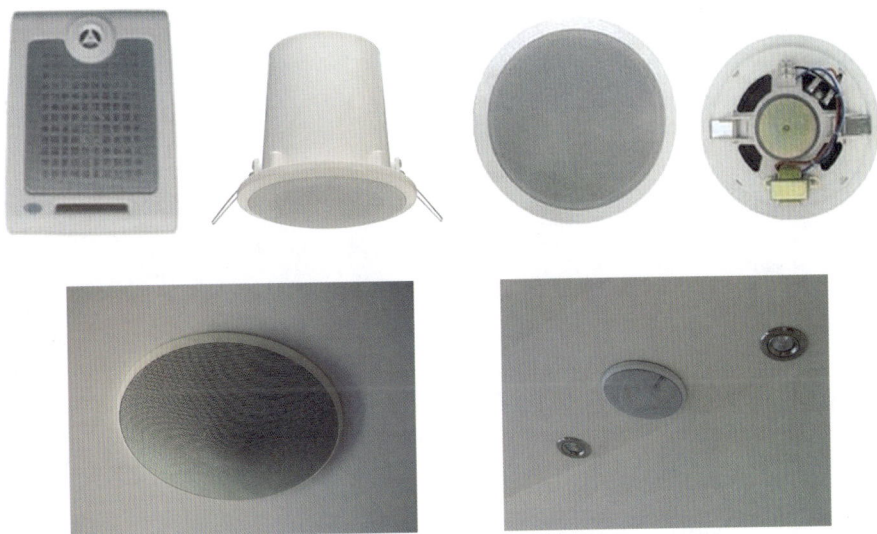

图 2-6-8　吸顶喇叭

图 2-6-9　平板音箱和安装效果

第七节　家庭安防

对老百姓而言，家庭成员人身安全和家庭财产安全是至关重要的。对于家中厨房、卫生间的可燃气体发生泄漏，家中有陌生人非法进入盗走财产，都是令人十分不快的事情。电子安防设备凭其敏锐的"警觉"，在第一时间产生反应，或发出高分贝的警笛声音，来恐吓非法闯入者或同时拨打你的手机告知你家中有情况,让你能及时地去加以处理,从这个角度看问题,安防设备应该列入家庭装修计划。

1. 燃气报警器

燃气就是可燃气体,常见的燃气包括液化石油气、人工煤气和天然气。任何家庭都有燃气泄漏的可能,其中冒锅、风吹灭、总阀未关严为泄漏的主因。燃气由于各种原因泄漏且当燃气浓度超过一定程度时,遇火种(打火机、电器开关或静电等)就可能发生爆炸。

燃气报警器的核心是气敏传感器,俗称"电子鼻"。当它"闻"到燃气时,传感器就会发出声光报警信号,提醒人们注意安全。老话讲"安全第一"、"不怕一万,就怕万一",特别对于有老人的家庭,厨房配置燃气报警器是必要的。由于燃气有不同的种类,所以报警器也有不同的种类,购买时应仔细阅读产品说明书,并要按说明书的要求装在恰当的位置。

燃气报警器的实物如图 2-7-1 所示。

一般家用燃气报警器技术参数如下。

① 电压选择:AC 220V。

② 报警浓度:可燃气体,液化气 0.1% ～ 0.5%、天然气 0.1% ～ 1%、城市煤气(H2)0.1% ～ 0.5%;一氧化碳,1‰ ～ 0.4‰。

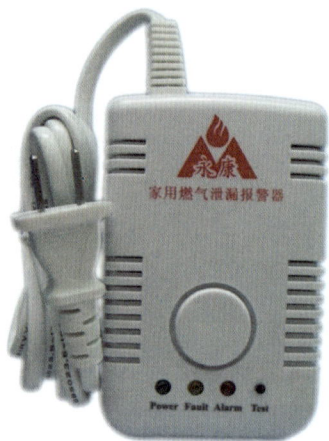

图 2-7-1 报警器

③ 工作环境:湿度 ≤ 97%RH,湿度:-15℃ ～ +50℃。

2. 红外人体感应声光报警器

红外人体感应声光报警器,俗称电子狗,其实物如图 2-7-2 所示。

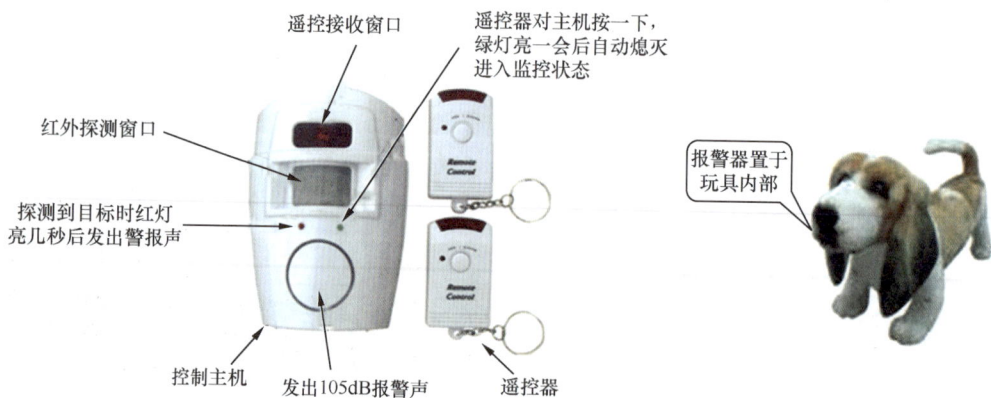

图 2-7-2 红外人体感应声光报警器

将红外线人体感应声光报警器(电子狗)隐蔽地安装在家庭的要道上,人在离开时用无线遥控器按下设防开关,电子狗开始上班警戒。若家中处于无人状态,电子狗默默无闻。如果有盗贼进入该环境被电子狗监视发现,电子狗立即发出报警信号并亮灯,倘若盗贼受吓逃离该环境电子狗会自动停止报警熄灯。待主人回家后,可按下遥控器切断开关撤防,使用起来十分方便。

还有一种电子狗，它能随机播放恶犬的喘息声，如图 2-7-3 所示。

图 2-7-3　随机狗叫电子狗

当它的探测器发现有人靠近以后，会开始发出声音，几秒钟以后，它会开灯，同时会模仿住户训斥狗的声音，造成屋内有人的假象。

3．门磁

在家庭安防设备中，门磁是用来探测门、窗、抽屉灯是否被非法打开或移动的，其实物如图 2-7-4 所示。

图 2-7-4　无线门磁

无线门磁由无线发射模块和磁块两部分组成。在无线发射模块内有两处装有一个"干簧管"的元器件，当磁铁与干簧管的距离保持在 1.5cm 内时，干簧管内部触点处于接通状态，一旦磁体与干簧管分离的距离超过 1.5cm 时，干簧管内部触点就会断开，干簧管及其工作原理示意如图 2-7-5 所示。门磁可以装在门、抽屉、保险柜和窗户灯防范位置，如图 2-7-6 所示。一般小偷入户盗窃的主要途径是门和窗。不论歹徒是用何种方法进入，他都必须推开门窗。例如，盗贼推开门，门与门框必将产生移位，门磁与磁体也同时产生位移，此时干簧管内部触点闭合，主机鸣响报警同时令主机拨打预设的几组电话报警。

4．门铃

门铃的功能类似敲门，是为了便于客人对房主的访问而设计的。现在门铃已在千家万户中广泛应用。

（1）有线门铃

有线门铃实物如图 2-7-7 所示。有线门铃分为两个部分，B 部分为一个按钮开关，安装在门外；A 部分为一发声设备，安装在室内。A 和 B 之间由导线连接。买回门铃后，将门铃后面的电池盖打开，装入 2 节 7 号电池，安装到适当位置。挂壁或用双面胶粘贴，电池通常使用 1 年。按下按键时，门铃发出叮咚声或音乐声。

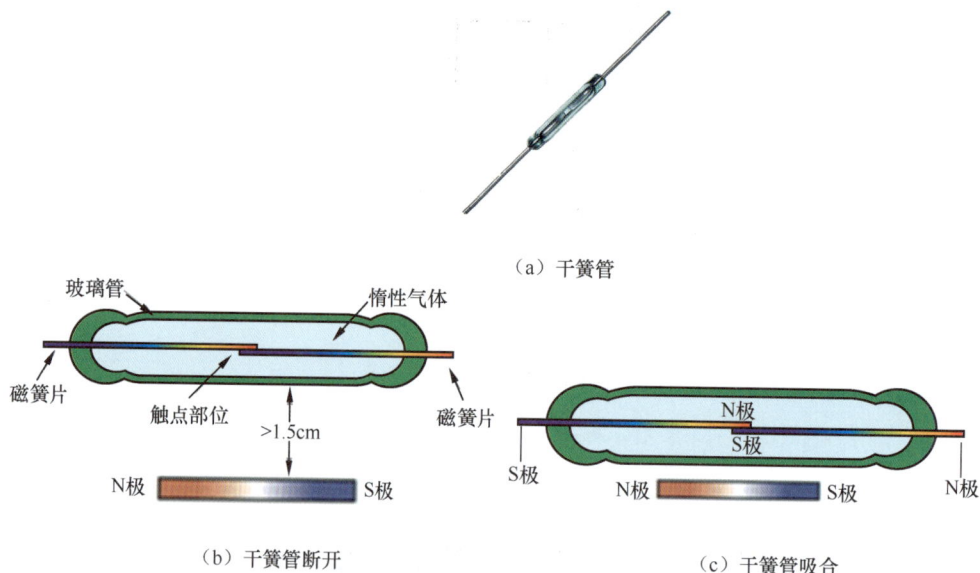

（a）干簧管

（b）干簧管断开

（c）干簧管吸合

图 2-7-5　干簧管及其工作原理

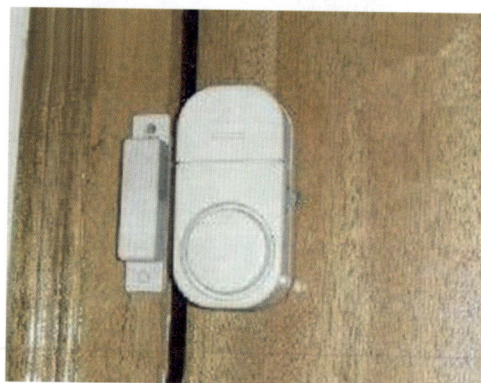

图 2-7-6　门磁安装图

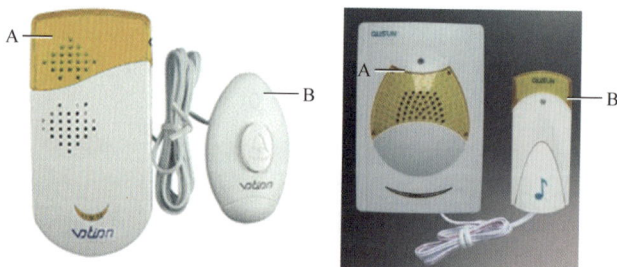

图 2-7-7　有线门铃

（2）无线门铃

无线门铃的作用与有线门铃一样，但门外与门内的设备是通过无线电连接的，发射部分安装在房门外，一般的安装高度为 1.2 ～ 1.7m。可以直接装在住户的门上或旁边的墙上。接收部分要插在屋内的任意电源插座上，最好是在墙上的插座。无线门铃的实物如图 2-7-8 所示。

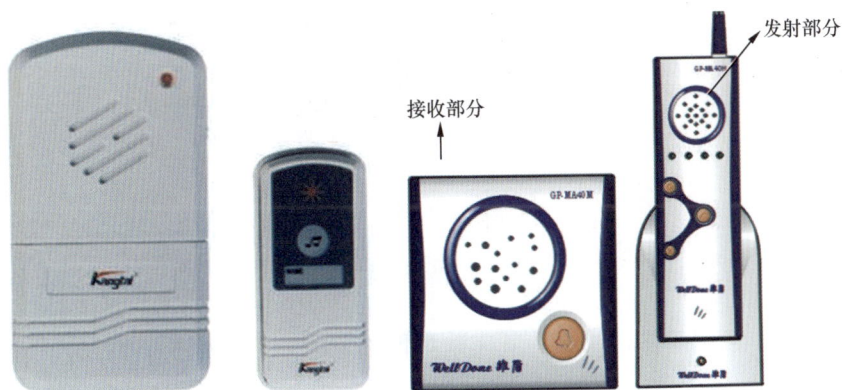

图 2-7-8　无线门铃

（3）无线可视对讲门铃

无线可视对讲门铃是一种安防类高科技产品，无需布线，室内机和室外机可相互对讲通话，室内机可随时监控室外，室内机可开门锁。其抗干扰能力强，画面音质清晰，集无线门铃、可视对讲、遥控开门于一体，克服了传统无线门铃不能通话的缺陷，也避免了有线门铃需要施工布线的麻烦，是传统门铃的升级换代产品。无线可视对讲门铃的实物如图 2-7-9 所示。

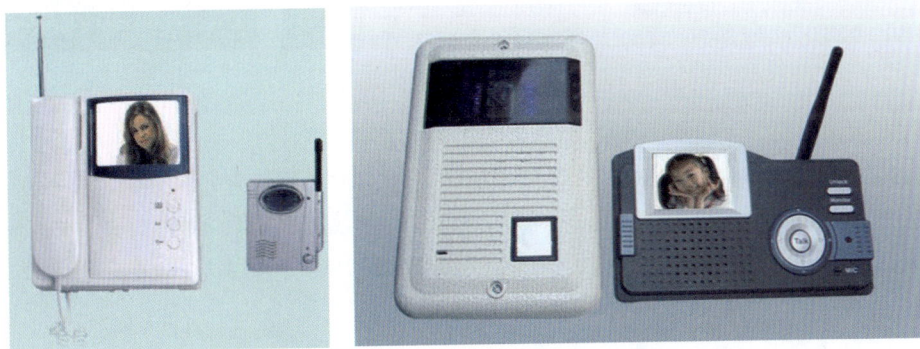

图 2-7-9　无线可视对讲门铃

（4）楼宇对讲系统

楼宇对讲系统是保障居住安全的重要措施，是老百姓居家生活的"守护神"。楼宇对讲系统是由家属楼各单元口安装防盗门、楼宇出入口的对讲主机、电控锁及用户家中的可视对讲分机几部分所组成，可实现访客与住户对讲，住户可遥控开启防盗门，各单元口访客再通过按房间号呼叫住户，经同意后方可进入楼内。同时，若住户在家有意外发生，可通过该系统的报警按钮通知社区以得到及时的帮助。用户对讲分机如图 2-7-10 所示。

对讲喇叭

报警按钮

开启防盗
门按钮

图 2-7-10　用户对讲分机

　　选购楼宇对讲系统应该根据不同的住宅结构、小区分布和功能要求来选择，一般都是集体行为，但需提醒的是，楼宇对讲系统统为布线系统，室内需工程布线，这一点应引起注意。

　　5．烟雾报警器

　　烟雾报警器，又称烟雾传感器，其实物如图 2-7-11 所示。烟雾传感器由感应传感器和扬声器两部分组成，当传感器检测到空气中的烟雾达到一定的浓度时，会立即发出刺耳的报警信号，及时提醒人们注意安全。

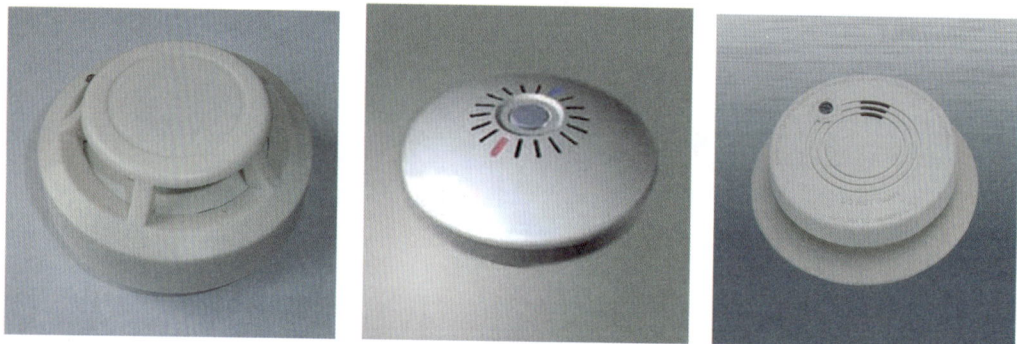

图 2-7-11　烟雾报警器

　　6．换气扇

　　换气扇又称排气扇，由电动机带动风叶旋转，使室内外空气进行交换。换气扇广泛用于家庭厨房，换气扇一般有单向和双向两种。单向的可有效排出室内各种有害气体；双向的不仅能排除气体，还能抽进新鲜空气，其实物如图 2-7-12、图 2-7-13 所示。

图 2-7-12　单向排气扇

图 2-7-13　双向排气扇

换气扇只能把室外空气引入室内，夏天和冬天使用换气扇，就会给空调降温或室内采暖带来一定的影响，鉴于一般换气扇的不足，人们研发了新风换气机。

新风换气机采用双向换气，把室外新鲜空气送入室内的同时，也把室内污浊的空气排向室外。送入室内的新风经过空气过滤器过滤，净化了引入的空气。为了不因双向换气而造成室内温度有较大的波动，新风交换机内设置了空气热交换器，令出气和进气交换温度，以达到既通风换气又维持室内温度基本稳定的效果。

新风换气机是根据在密闭的室内一侧送风，另一侧引风，则在室内会形成"新风流动场"的原理进行设计的。新风换气机是一种高品质的、有利于健康的家庭电器。新风换气机实物如图2-7-14所示。

7. 玻璃破碎探测器

玻璃破碎探测器安装在家庭窗户和玻璃门附近的墙上或天花板上。当窗户或阳台门的玻璃被打破时，玻璃破碎探测器探测到玻璃破碎的声音后即将探测到的信号传递给报警控制器进行报警。

图 2-7-14 新风换气机

探测器产品能确认玻璃破碎时所产生的独特声音，同时附带灵敏度调节功能以避免干扰误报，具体的调整方法见产品说明书。几种玻璃破碎探测器实物如图2-7-15所示。

图 2-7-15 玻璃破碎探测器

8. 电动窗帘

使用电动窗帘是现代家庭的一种象征。是否使用电动窗帘主要取决于家庭窗户的大小及其个人的需求。例如，你家窗户高度3m，宽5m以上，此时使用传统窗帘，手动拉帘显然费力。若使用电动窗帘，只要遥控器轻轻一按，窗帘就会按照你的意愿徐徐开闭，非常符合现代家庭的时尚。

选购电动窗帘学问很多，外行很难把握，但应对窗帘的控制方式有一基本的了解，同时应特别关注产品的售后服务。电动窗帘的控制方式主要有两种。

（1）定时控制

定时控制即在主控制器上设置好开关时间，窗帘定时开闭，若需随时拉开或关闭，只需使用遥控器，轻轻按一下"打开"或者"关闭"按键即可。

（2）半自动手控

在你需要打开或关闭窗帘的时候，只需按一下遥控器"正转"或"反转"按键即可，窗帘到位自动停止。

另外，电动窗帘还具有"天黑关闭，天亮打开"智能管理的控制模式，对于一般老百姓意义不大。几种电动窗帘实物如图2-7-16所示。

图 2-7-16　电动窗帘

第八节　家庭弱电箱

以前，家庭一般都没有弱电箱。一般商品房虽然有弱电箱（智能弱电箱），但从图 2-8-1 所示的箱内接线可以看出，箱体狭小，各种设备无法在箱内安装，只能接在箱外。显然，长期生活是不能允许的，因此，在装修新房时，一般都要拆除土建所设的信息箱，对布线重新安排。

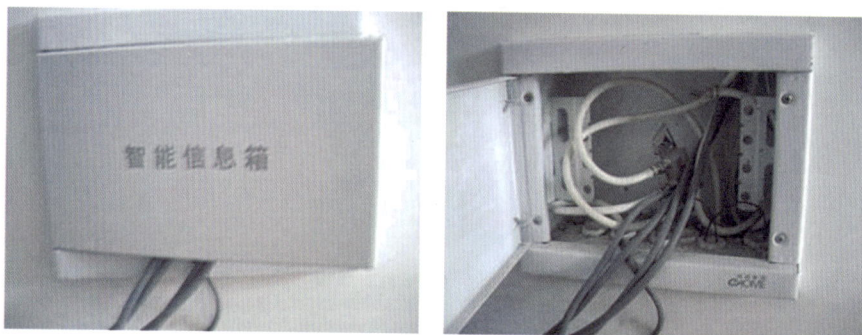

图 2-8-1　非规范接线的弱电箱

家庭综合布线是以弱电箱为中心而展开的。弱电箱功能是将进户弱电线（闭路、电话、网络）接入弱电箱（或称家居智能配线箱、住宅信息配线箱、多媒体集线箱等），然后按需求分配到每个房间。模块化弱电箱及其作用如图 2-8-2 所示。

有线电视进线　　　　　　　　　　　　　　　根据需要分配
电话进线　　　　　　　　　　　　　出线　　　至各个房间
宽带进线

图 2-8-2　弱电箱及其作用

家庭弱电箱能够统一管理家庭内的电话、电视、计算机，同时可实现家庭资源共享，即多台计算机联网共享宽带服务，多路电话任意接听、转接，多台电视共享有线电视服务。

一些品牌产品配线箱则能控制视频、音频信号，还可以实现电子监控、自动报警、远程抄水、电、煤气表等家政服务。弱电箱里设置了相应的功能接口模块来管理各自线路的连接。

总地来说，采用家用综合布线主要有以下两点优点。

其一，规范施工，使箱体内的布线整洁、美观、条理化。

其二，使家庭用电器的使用、管理、维护、扩展都十分方便，即插即用，只要有新的家电和信息设备，只需插上相应接口，并在信息接入箱相应跳线，就能组成通路。

现在，家庭弱电箱有两种基本形式，一是模块化弱电箱，二是零件化弱电箱。其中，零件化弱电箱实物如图 2-8-3 所示。

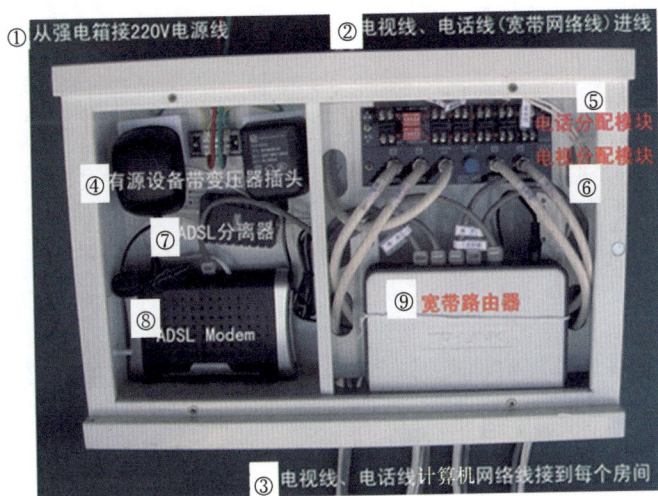

图 2-8-3　零件化弱电箱

需要提及的是，有些小弱电箱只有电视线、网线、电话线的接口，这些是不需要电源线的，但如果想在弱电箱中加一个路由器或放大器，箱体空间就不够了。一些房地产商往往从成本的角度考虑，在建房时预埋的弱电箱一般较小，那么户主在装修时要注意更换。

另外，需说明的是弱电箱内空间狭小，需安装带变压器的电源、路由器、ADSL 猫等有源器件，这些设备都会产生一定的热量，到了夏季若散热不好，会影响网络的正常工作，因此有的弱电箱面板上设置有散热孔，但也有的弱电箱体没有散热孔，因此，用户在购置弱电箱时应结合箱内的配置考虑这一因素。两种不同的弱电箱面板如图 2-8-4 所示。

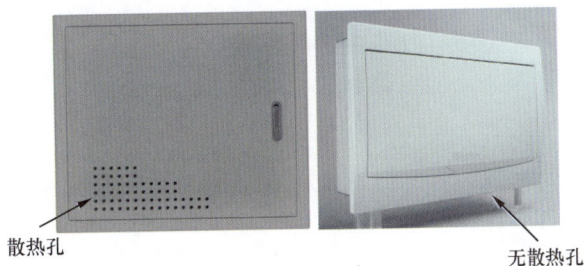

图 2-8-4　弱电箱的面板

1. 零件化弱电箱

零件化弱电箱需要自己安装，本书前面已分别讲过。其最主要的优点是，利于将来零部件的升级，更换和维修相对简单。而模块化弱电箱已为成品，安装方便，但由于产品标准化不够，设备故障只能找原厂家修理和更换，有后顾之忧。

综上所述，选购家居弱电箱时应将①箱体空间预留一定的空间，并配置电源插座，能给有源设备提供电源；②采用成熟品牌的有源设备（如：TP-LINK 等）；③有线电视模块、电话分配模块等无源设备采用弱电箱厂家生产的配套模块，以便于安装。

2. 模块化弱电箱

所谓的模块化就是弱电里面的有源设备是厂家特定的集成模块。模块化弱电箱里主要包括：网络模块、电话模块、电视模块 3 大模块，如图 2-8-5 所示。根据用户的实际需求也可以增加防盗报警的监控等模块。

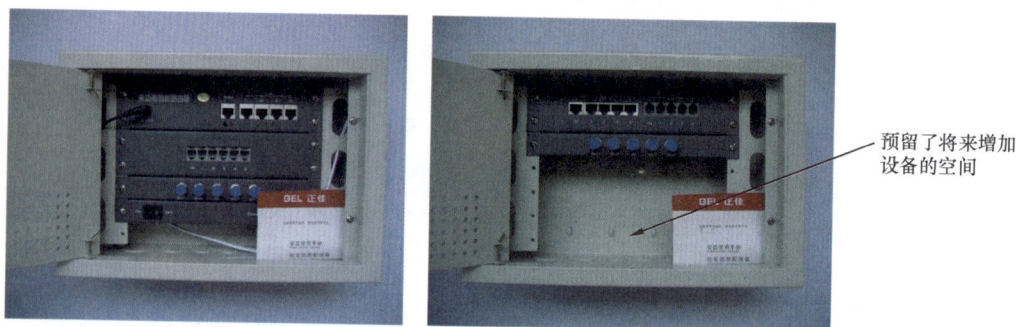

图 2-8-5　模块化弱电箱

模块化弱电箱各部分作用简介如下。

（1）电视模块

电视模块是一个有线电视分配器，通过电视模块来实现家庭多台电视共享 1 条有线电视线的需求，本示范模块由一个专业级射频一分四的分配器构成，如图 2-8-6 所示。

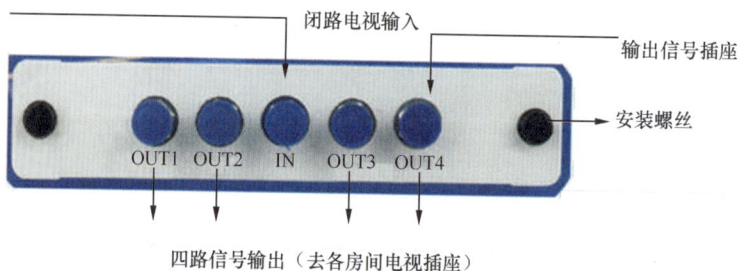

图 2-8-6　电视模块

电视模块说明如下。

① 射频信号入：1 路有线电视信号输入。

② 射频信号出：4 路有线电视信号输出。

③ 有线电视同轴电缆紧固在专用 F 型 75Ω 接头上，拧紧到分配器各口上即可。

④ 有线电视模块有一进三出、一进四出、一进五出等多种规格，可以选择。

（2）电话模块

电话模块有不同的类型为简单的电话分配模块，分机间无法进行转接和分机号对打，如需实现如上功能，应注意选购弱电箱专用的程控电话交换机模块，如图 2-8-7 所示。

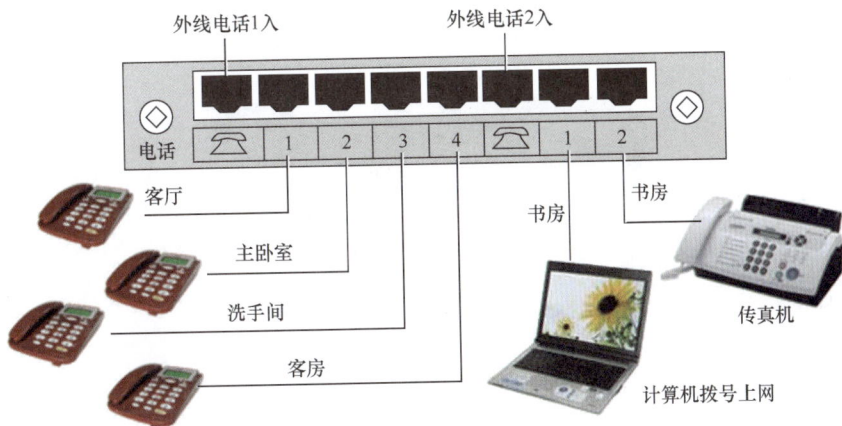

图 2-8-7　电话模块

电话模块为一进多出，输出口连接至房间的电话插座，再由插座接至分机。

在实际布线工程中经常采用网络线作为电话布线，安装时将 4 对 5 类双绞线中的 1 对蓝白线当作电话使用，使用时只需在两端的 RJ-45 插孔上插上 RJ-11 电话线即可。

（3）计算机模块

模块化的宽带路由器如图 2-8-8 所示。市面上的产品有一进四出、一进五出等规格，对于一个家庭来讲这些产品就足够了。

图 2-8-8　宽带路由器模块

（4）音视频分配模块

音视频分配模块实现家庭影视信息和音乐多路播放。

二进六出音视频实物如图 2-8-9 所示。

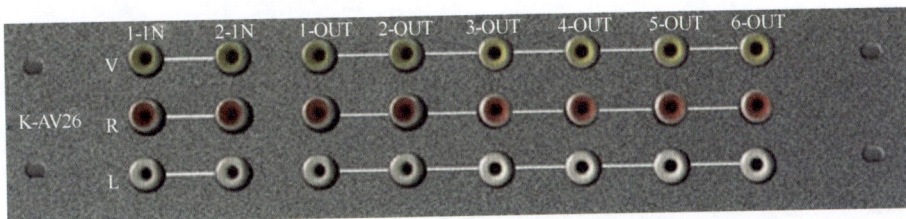

图 2-8-9　音视频分配模块

由图 2-8-9 可见，本模块有 2 组视音频输入口，有 6 组视音频输出口。标准音视频接口（梅花头）每组包括一个视频 V 接口、一个音频 L 接口（左声道）、一个音频 R 接口（右声道）。通过本模块可以使多个房间共享一台音源。例如，音源 DVD 可放在客厅里，将 DVD 上的 AV 输出端口（三色 V、R、L 端子）通过电缆（如图 8-10 所示）接至模块的输入端口 IN

（三色 V、R、L 端子）；然后再通过模块分配，将信号分出 6 组 AV 信号输出到端口 OUT-1、OUT-2、OUT-3、OUT-4、OUT-5、OUT-6（三色 V、R、L 端子）；最后再通过电缆输送到各房间的 AV 面板上，这样实现了一机共享。

图 2-8-10　6 莲花头

另外，本模块还可组建住宅背景音乐，可将一台 CD 机或功放的音频信号输出端口（双色 R、L 端子），通过电缆接至模块的输入端口 IN（双色 R、L 端子），再通过模块分配将信号分出 6 组信号输出到端口 OUT-1、OUT-2、OUT-3、OUT-4、OUT-5、OUT-6（三色 V、R、L 端子），然后再通过电缆输送到各房间的面板上即可。

（5）安防模块

安防模块如图 2-8-11 所示，本模块有 12 对弱电接线端子和 1 对视频口。

图 2-8-11　安防模块

第三章 家庭电工常识

对于家庭装修来讲，如何合理的选择导线的线径和长度及各种规格的断路器、开关、插座是一个经济问题，同时也是一个电工学问题。现代人居家过日子，都离不开电，多学习一些电工常识就会使业主多一分与电工交流的能力，同时也使人们多一分生活能力。

第一节 电 工 常 识

在电学领域内，无论发电、用电还是控制，均离不开电路。为了分析和研究电路规律，常用一些物理量来表示电路的状态及电路中各部分参数之间的相互关系。这些物理量主要有电流、电压、电功率等，了解这些知识点，是学习电工技术的基础，是电工安全、有效工作的必须和前提。

1．电路

电路就是电流的通路。图 3-1-1 所示为一个实际的简单电路，它由电源、连接导线、负载（灯泡）、开关 4 部分组成。其中，电源产生电能；连接导线传输电能；负载转换电能；开关控制电路的通断。

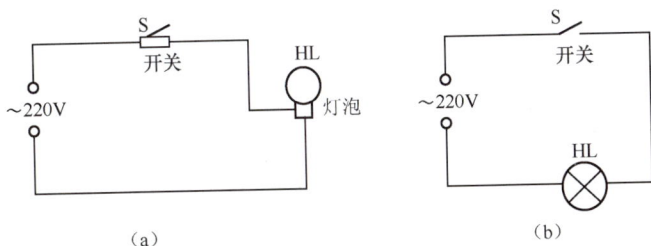

（a）   （b）

图 3-1-1 简单电路及其电路模型

2．电流

（1）电流的概念

电子有规律的移动就形成了电流。在金属导体中，流动的电流是自由电子在电场作用下定向运动而形成的。人们把单位时间内通过某一导体横截面的电荷定义为电流强度（简称电流），它是衡量电流强弱的物理量。

（2）电流的单位

电流的法定计量单位是安培，简称安（A）。当 1 秒（s）时间内通过导体截面的电荷为 1 库仑（C）时，则电流为 1A，即 1A=1C/s。在计量大电流时，用千安（kA）为计量单位；计量微小电流时，用毫安（mA）或微安（μA）为计量单位。其换算关系为

$$1kA=10^3A \qquad 1mA=10^{-3}A \qquad 1\mu A=10^{-3}mA=10^{-6}A$$

3．直流和交流

电流分直流和交流两种。流动方向始终不变的电流叫做直流；方向和大小按一定周期变

化的电流叫做交流。电流的方向，习惯上解释为由正极流向负极，但实际上电子流动的方向是由负极流向正极。

干电池、蓄电池和硅光电池都是直流电源，家庭照明电源为交流电源。

4．电位

电位也可叫做电势。我们常以大地的电位当作零电位，任何带正电荷的物体，都具有比大地高的电位；带负电荷的物体，其电位都比大地低。电位的单位是伏特（简称伏，或写作 V）

5．电动势

电动势简称电势。要使电子在导体中移动，就必须维持导体两端的电位差（即电压）。造成并维持这种电位差，来推动电子移动的势力，叫做电动势。电动势的符号为 E 或 e，单位也是伏特（V）。

6．电压

（1）电压的概念

自然界中，液体能流动的原因是因为有水位差，联想到导体中电流能从 A 流向 B 的原因是 A 点和 B 点存在着电位差，这个电位差就是电压。它在电路中的作用是促使电荷运动而形成电流。同一电路上两点之间的电位差大，电流就大；电位差小，电流就小。

（2）电压的单位

电压在电路中用 U 表示，电压的单位为伏特，简称伏（V）。在工程中还可用千伏（kV）、毫伏（mV）和微伏（μV）为计量单位，其换算关系为

$$1kV=10^3V \qquad 1mV=10^{-3}V \qquad 1\mu V=10^{-3}\,mV=10^{-6}V$$

家庭用电一般是单相交流电，电压为 220V。

7．电阻

（1）电阻

导体中的自由电子在做定向移动的过程中，会因为导体的材料和截面积的不同而表现出对电流的不同阻碍作用。导体对电流起阻碍作用的这种能力叫做电阻。

电阻用字母"R"来表示，单位为欧姆，简称欧（Ω）。在实际应用中，除欧姆这个单位外，还可用千欧（kΩ）、兆欧（MΩ）作单位。它们之间的换算关系为

$$1k\Omega=10^3\Omega \qquad\qquad 1\,M\Omega=10^6\Omega$$

（2）电阻率

长度为 1m、截面面积为 $1mm^2$ 的导体，在常温（20℃）下的电阻值定义为电阻率，用符号 ρ 表示，其单位为 Ω·m。

金属的电阻率很小，绝缘体的电阻率很大。金银都是良好的导体，但因价格昂贵而很少采用，目前电气设备中都采用导电性能较好的铜、铝作导线。

（3）电阻与电阻率的关系

$$R=\rho l / S$$

式中，l 代表导线的长度，单位为 m；S 代表导线的截面面积，单位为 m^2。

（4）电阻的串联（如图 3-1-2 所示）

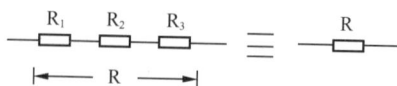

图 3-1-2　电阻的串联

总电阻等于各个电阻的和，即 $R=R_1+R_2+R_3$。

（5）电阻的并联（如图 3-1-3 所示）

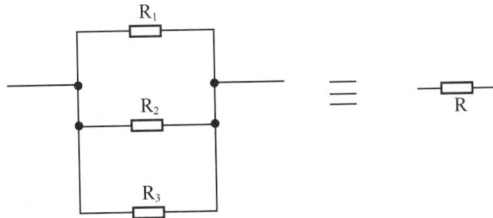

图 3-1-3　电阻的并联

总电阻的倒数等于各并联电阻倒数的和，即 $\dfrac{1}{R}=\dfrac{1}{R_1}+\dfrac{1}{R_2}+\dfrac{1}{R_3}$，$R=\dfrac{1}{\dfrac{1}{R_1}+\dfrac{1}{R_2}+\dfrac{1}{R_3}}$。

8．欧姆定律

在一电阻确定的电路中，通过电阻的电流 I 与所施加的电压 U 成正比，即：$\dfrac{U}{I}=R$。即电路中的电流与电压的大小成正比，与电阻大小成反比。

9．交流电

交流电 Alternating Current，英文简称为 AC，交流电的大小和方向随时间而变，如图 3-1-4 所示。我国交流电供电的标准频率规定为 50Hz，日本规定为 60Hz。

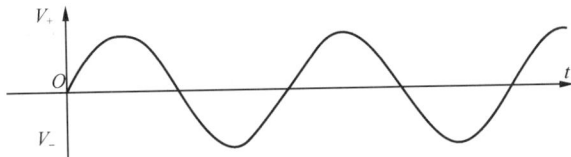

图 3-1-4　交流电正弦波

10．交流电的火线和零线

交流电有火线和零线之分，是因为两根线对地电位的不同（如图 3-1-5 所示）。由图 3-1-5 可知，零线电位始终为 0，和大地等电位。交流电虽周期改变电流方向，但零线对地电压始终是相同的（为 0），接用电器后零线有电流，电流变化规律与电压相同。

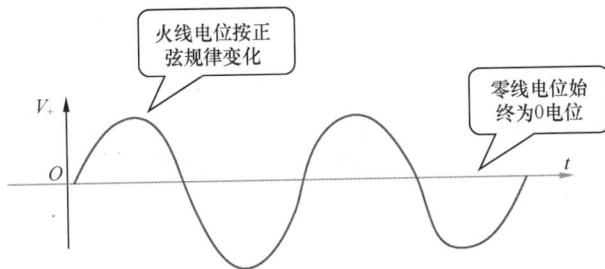

图 3-1-5　火线与零线的电位

11．交流电的频率和周期

频率是表示交流电随时间变化快慢的物理量，即交流电每秒钟变化的次数叫频率，用符号 f 表示。它的单位为周／秒，常用"Hz"表示。例如市电是 50 周的交流电，其频率即为 $f=50$Hz。对较高的频率还可用千周（kC）和兆周（MC）作为频率的单位。

交流电随时间变化的快慢还可以用周期这个物理量来描述。交流电变化一次所需的时间叫周期，用符号 T 表示。周期的单位是秒。显然，周期和频率互为倒数，即

$$T=1/f$$

由此可见，交流电随时间变化越快，其频率 f 越高，周期 T 越短；反之，频率 f 越低，周期 T 越长。

12．交流电的有效值

给两个相同的电阻分别通以直流电和交流电，在相同的时间内，它们产生的热量也相等时，则这两个电流是等效的。那么，这个直流电流的数值就是这个交流电流的有效值。

正弦交流电的有效值等于峰值的 0.707 倍。通常，指针式交流电表都是按有效值来刻度的。一般不作特别说明时，交流电的大小均是指有效值，譬如市电 220V，就是指其有效值为 220V。

13．电功与电功率

电功即电能转化为另一种形式能量（例如热能）的能力。电功用 W 表示，单位为焦耳。

电功率就是电器单位时间消耗的电能，功率用 P 表示。

$$P=W/t=UI$$

另外，功率也可以用"马力"表示，单位为"匹"，1 匹 =735 瓦。

简单地说，电功率是表示电流做功快慢程度的物理量，通常所谓的用电设备容量，都是指电功率的大小。

在工程中，常用千瓦小时（kW·h）表示电功，1 kW·h 俗称 1 度电，即功率为 1 kW 的用电设备工作 1h 所消耗的电能。

例如，某学生寝室有两盏 20W 的日光灯，每天照明 5h。若按每月平均为 30 天计算，问该寝室一个月照明用电多少度？

解：

$$W = P t = 2 \times 20 \times 5 \times 30 \text{ W·h} = 6 \text{ kW·h} = 6°$$

14．电流热效应

电流通过导体时，导体的温度会升高，这种现象叫做电流的热效应。电流通过导体时所产生的热量与电流的平方、导体本身的电阻以及电流通过的时间成正比，这一结论称为焦耳 - 楞次定律，其数学表达式为

$$Q = I^2 R t$$

（1）电流热效应的应用

电流热效应在日常生活中和生产上应用极广，常见的电炉、电烙铁、电饭煲及其他的电热器都是利用电流热效应的应用实例。

（2）电流热效应的危害

对于不是以发热为目的的电力设备，电流通过导体发出的热量，不仅会造成能量的传输损耗，严重时还可能导致设备的损坏及火灾的发生。

15．电路的运行（带载或负载）状态

为了保证电气设备能安全、可靠工作，制造厂规定了各种设备和器件在工作时所允许的最大电流、最高电压和最大功率，称为电气设备和器件的额定值，常用下标 N 表示，如额定电流 I_N、额定电压 U_N 和额定功率 P_N。这些额定值常标记在设备的铭牌上，故又

称为铭牌值。

电气设备和元器件应尽量工作在额定状态，这种状态又称满载。其电流和功率低于额定值的工作叫做轻载，高于额定值的工作状态叫做过载。有些用电设备如电灯、电炉等，只要在额定电压的条件下使用，其电流和电压就会符合额定值，故只表明 U_N 和 P_N。另一类电气设备如变压器、电动机等，在加上额定电压后，其电流和功率取决于它所带负载的大小。例如，电动机所带负载过大，将会因电流过大而严重发热，甚至烧毁。故在一般情况下，设备不应过载运行。在电路中常装设自动开关（术语为断路器）、热继电器，用来在过载时自动断开电源，确保设备安全。

16. 电路的开路

在图 3-1-6 所示的电路中，当开关 S 断开或电路中某处断开，切断的电路中没有电流流过时，称为开路，又称断路。显然，开路时电源不输出电能，电路的功率等于零。

开路分为正常开路和故障开路。如不需要电路工作时，把电源开关断开为正常开路；而灯丝烧坏，导致断裂产生的开路为故障开路，它使电路不能正常工作。

17. 电路的短路

在图 3-1-7 所示的电路中，当电源两端的导线由于某种事故而直接相连时，电源输出电流不经过负载，只经连接导线直接流回电源，这种状态称为短路状态，简称短路。短路时的电流称为短路电流。故障短路往往会造成电流中的电流过大，此时空开应立即启动切断电源。

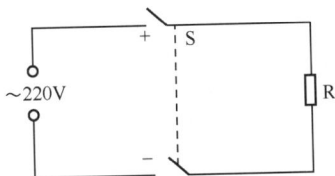

图 3-1-6　电路的开路状态　　　　　　　图 3-1-7　电路的短路状态

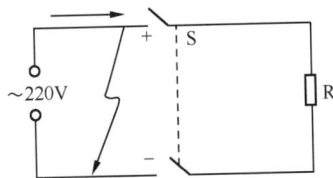

18. 电气火灾的原因与预防

家庭火灾的最主要原因是家庭电路故障，除了选择不合格电线、线路老化、设备老化、电路过载等原因外，比较常见的是端点接触不良。电气火灾的后果是严重的，但只要稍加注意，这种火灾也是可以避免的。

（1）新居装修时电线路要按规范敷设。

① 不能使用劣质导线。

② 不能使用劣质灯具。

③ 选用电线、电路元件等规格时，应本着以下原则：电线宁粗勿细，元件规格宁大勿小。即让电线、开关、插座等的额定电流比实际需要稍微大些，一方面可以使电路的安全系数更大些；另一方面也为日后再添置新家电留有一定的余地。

④ 安装工艺要规范，不留隐患。假如电源线不穿套管，就有可能把绝缘层已受损伤的电线敷设到线路中。

（2）旧居改造时，电线路需改新。

（3）日常使用时，要杜绝电路超载。

第二节　家用电工仪表的使用

干电工活需要安全，了解工具、能正确地掌握其使用方法，对于电工及其一般家庭来讲也是必要的。电工测量仪表主要是测量电路有没有电，导线有没有断线，开关有没有接通，导线绝缘合不合格，电路有没有短路等现象。

我们日常接触的电工工具仪表很多，如试电笔、电烙铁、螺丝刀、尖嘴钳、钢丝钳、斜口钳、剥线钳及镊子、剪刀和电工刀、万用表和兆欧表等。

1. 试电笔

（1）试电笔的认知

试电笔的实物如图 3-2-1 所示。

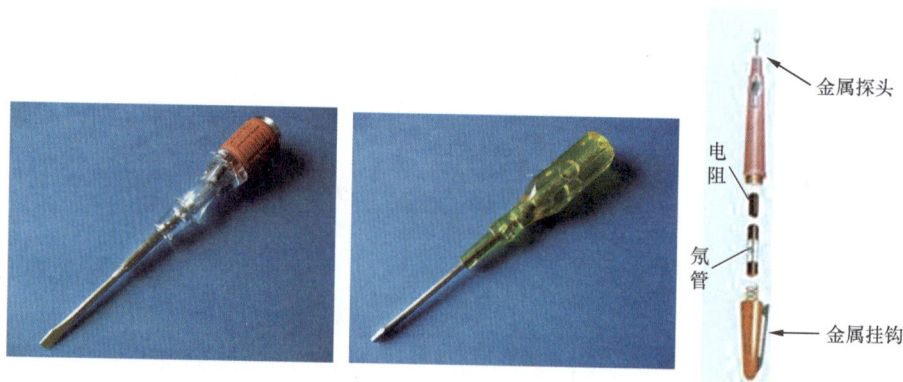

图 3-2-1　试电笔

试电笔也叫测电笔，简称"电笔"。用于检查 500V 以下导体或各种用电设备外壳是否带电。试电笔外形像钢笔，前端有金属探头，后端有金属挂钩，使用时用手接触金属挂钩，将探头触及检查部位。

笔体中有一氖泡，测试时如果氖泡发光，说明被测导体有电，或者是电路的火线。具体测试如图 3-2-2 所示。若测试结果相反，说明火、零线接反；若测试结果都不亮，说明电源没电。

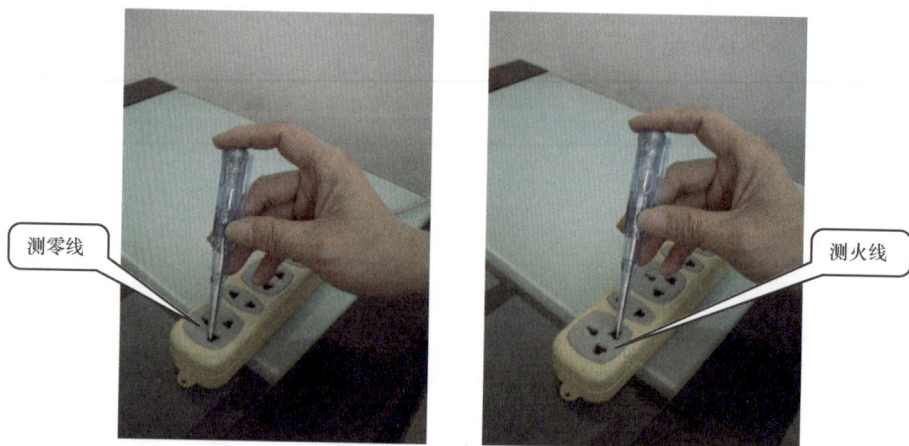

（左零右火）

图 3-2-2　试电笔测试方法

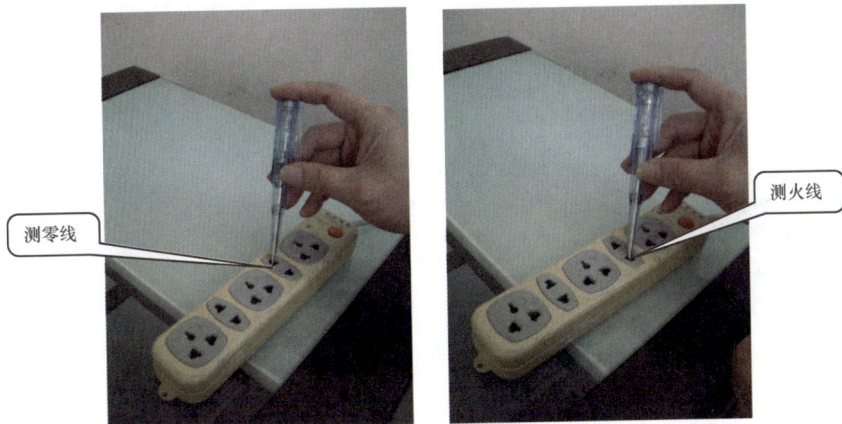

（上零下火）

图 3-2-2 试电笔测试方法（续）

使用试电笔时，一定要用手触及试电笔尾端的金属部分。否则，因带电体、试电笔、人体与大地没有形成回路，试电笔中的氖泡不会发光，极易造成带电体不带电的误判。需要提及的是，传统式试电笔的金属杆较长，人们在测试时易造成触电事故。

为此，人们往往在金属杆上加装绝缘套管来保护自己。另一方面，人们又设计了一种感应式试电笔来提高测电时的人身安全。

感应式试电笔实物如图 3-2-4 所示。

图 3-2-3 在刀杆上加装绝缘套管

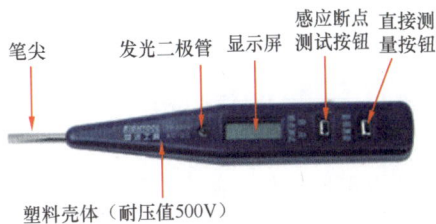

图 3-2-4 感应试电笔

这种感应试电笔无需物理接触，即可检查导电是否带电，既灵敏又安全。其使用方法读者阅读使用说明书为好。例如，交流验电，手触直接测量按钮，用笔头测带电体，有显示者为相线，反之为零线，如图 3-2-5 所示。若感应测试，则手触感应测试按钮。

总之，利用试电笔可了解插座是否有电，利用试电笔也可判断插座是否有电及左零右火位置是否正确。

（2）利用试电笔查找电路故障

利用试电笔查找电路故障示意电路如图 3-2-6 所示。

利用试电笔处理卡口灯泡亮不亮的流程如图 3-2-7 所示。

2. 万用表

家庭照明电路发生故障是经常的事，若一有问题就去请电工可能有点难。对于家庭照明电路故障的原因，不外乎是灯泡坏了，端末接线松了，电器发生短路了这几点。若自我处理的话，就需要万用表来帮忙，下面对广泛使用的 MF-47F 型指针式万用表作一简介。

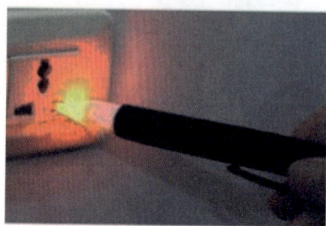

图 3-2-5　感应试电笔的测量

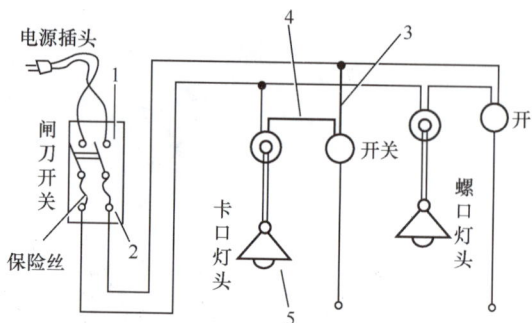

图 3-2-6　查找电路故障

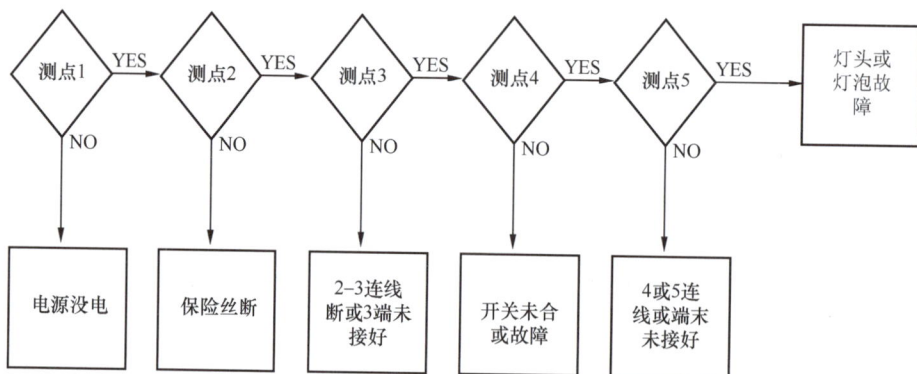

图 3-2-7　判断电灯是否亮的流程

（1）认识 MF-47F 型万用表

① MF-47F 型万用表面板图及其说明

MF-47F 型万用表的外形如图 3-2-8 所示，与图 3-2-8 对应的面板结构介绍如表 3-2-1 所示。

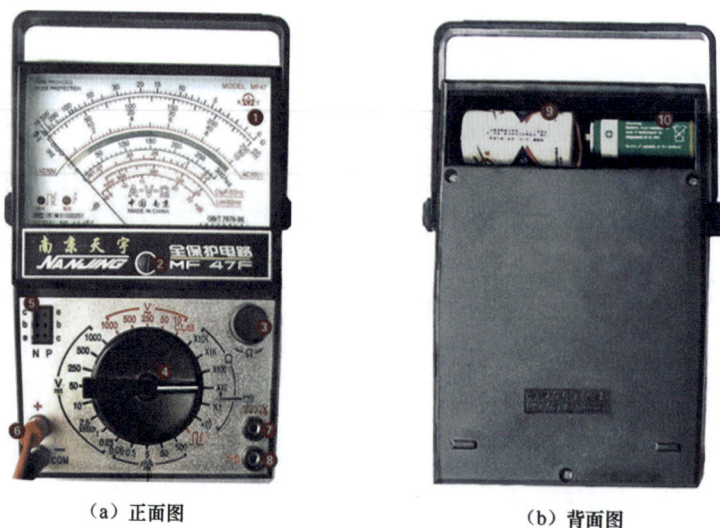

（a）正面图　　　　　　　　　　（b）背面图

图 3-2-8　MF-47F 型万用表的外形图

表 3-2-1 　　　　　　　　　　　**MF-47F 型万用表面板结构介绍**

图中标号	名　　称	图中标号	名　　称	图中标号	名　　称
①	表盘	⑤	晶体管测试孔	⑨	1.5V 电池
②	机械调零旋钮	⑥	表笔插孔	⑩	9V 电池
③	欧姆调零旋钮	⑦	高压测试插孔		
④	挡位 / 量程选择开关	⑧	大电流测试插孔		

② 表盘标度尺简介

表盘如图 3-2-9 所示，表盘上共有 7 条标度尺，从上至下介绍有关标度尺的说明如表 3-2-2 所示。

图 3-2-9　表盘图

表 3-2-2 　　　　　　　　　　　**表盘标度尺说明**

对应标度尺 （从上至下）	名　　称	说　　明
1	电阻标度尺	用 "Ω" 表示
2	直流电压、交流电压及直流电流共用标度尺	分别在标尺左右两侧用 "$\underline{V}$" 和 "$\frac{mA}{---}$" 表示
3	10V 交流电压标度尺	用 "AC 10V" 表示

（2）使用 MF-47F 型万用表

MF-47F 型万用表可以通过拨动表盘下的挡位 / 量程选择开关，选择不同的挡位进行不同电参数的测量，下面具体介绍各挡位的使用。

① 欧姆挡的使用

欧姆挡的使用如表 3-2-3 所示。

表 3-2-3   欧姆挡的使用

名称	图　示	说　明
测量示范		a. 在判断线路是否通路时，要用 R×1Ω 挡，在判断线路是否开路时，要用 R×1kΩ 或 R×10kΩ 挡 b. 在线测量电阻时，要断电后进行
机械调零		万用表在使用前应检查指针是否指在机械零位上，即指针在静止时是否指在电阻标度尺的"∞"刻度处。若不在，应用小改锥左右调节机械调零旋钮，使指针准确指在"∞"刻度处 注意：在测量其他电参数时也须先进行机械调零操作
欧姆调零	人工调零 表笔短路	当表笔短路时，相当于被测电阻为 0，指针应达到满刻度偏转；若指针不能偏转到满刻度位置，则可通过调节欧姆调零旋钮来调节流入表头的电流，以达到指针指示零点的目的 注意：每换一次挡位都需要重新进行欧姆调零，以减少测量误差；若调不到零点，多数原因是电池电量不足，此时应更换电池
量程选择开关		欧姆挡共分 5 挡，分别是 ×1 挡、×10 挡、×100 挡、×1k 挡、×10k 挡（其中"×"是乘法符号）

续表

名称	图示	说明
不同量程范围的读数方法	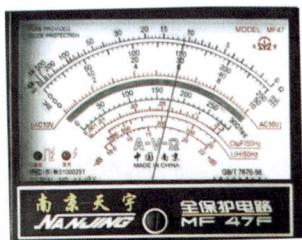	选择不同的量程范围，其读数的方法也不同，下面以左图中的指示"10.8"数值为例说明： 挡位 / 对应电阻值 ×1 挡 / 10.8Ω ×10 挡 / 10.8×10Ω ×100 挡 / 10.8×100Ω ×1k 挡 / 10.8×1kΩ ×10k 挡 / 10.8×10kΩ

对应表格：

挡位	对应电阻值
×1 挡	10.8Ω
×10 挡	10.8×10Ω
×100 挡	10.8×100Ω
×1k 挡	10.8×1kΩ
×10k 挡	10.8×10kΩ

名称	图示	说明
检修电路的禁止行为	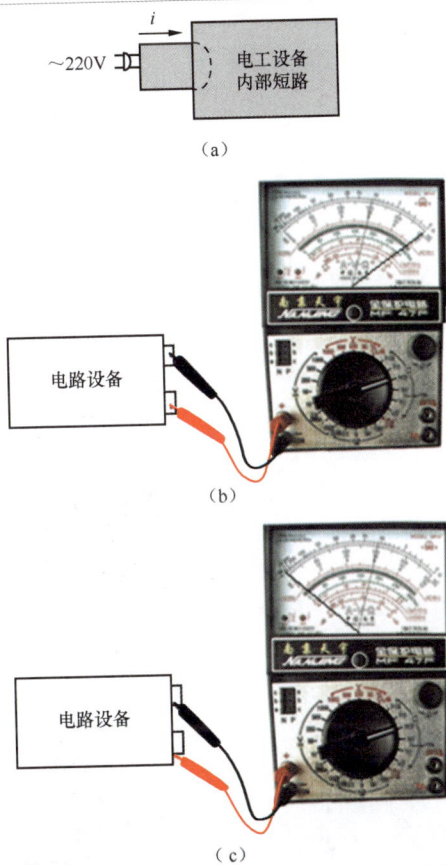	检修电路时，绝对禁止有故障的机器在故障不明的情况下通电试验 例如，电子设备因内部一部分短路造成设备故障，若短路故障在未排除的条件下通电检查，那么，就可能会造成又一次短路，从而对外电源造成危害，如左图（a）所示 一般为避免上述情况的发生，通常都要测量一下。如测量结果如左图（b）所示，电子设备内部短路，不能通电试验。如测量结果如左图（c）所示，电子设备内部没有短路，可以通电检查 把电表量程打在欧姆挡上，检查电工设备时，首先要用万用表检查一下电路是否短路，待排除短路故障后，才能通电，这应作为检修电工的一项纪律
短路故障的查找	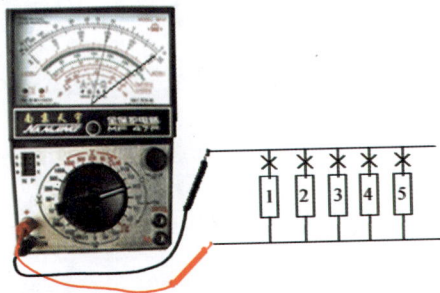 ×：表示断开	若万用表欧姆挡指示为零，说明负载群中有短路存在。逐个断开分负载同时观察电表指示是否变化，如果断开负载时短路消失，则说明负载内部有故障

续表

名称	图　示	说　明
短路的原因	发生短路：短路就是电流没经过用电器而直接连通零线和火线，这就相当于一个电阻很小的导线与其他用电器并联，根据欧姆定律可计算出此时干路中的电流 　　用电器的总功率过大：当电路上连接的用电器太多时，根据公式 $P=UI$，则有 $I=P/U$，火线与零线间的电压 $U=220V$ 是一定的，所以，总功率 P 越大，干路中的电流 I 就越大，当电流 I 大到一定程度便可使保险丝熔断	
测量须知	① 使用欧姆挡时不允许带电测量 ② 不能用两只手同时捏住表笔的金属部分测电阻，否则会将人体电阻并接于被测电阻而引起测量误差 ③ 测量时应根据指针所指的位置选择合适的倍率，合适倍率的选择标准是使指针在表盘中值附近，一般而言，应使指针尽量指在电阻标度尺的 5 ～ 10 ④ 测量完毕应将挡位 / 量程选择开关旋至交流电压最高挡，而不可将开关置于电阻挡，防止两表短接时耗尽表内电池的电量 　　若万用表长时间不使用，则应将表中的电池取出，防止电池漏液	

② 电压挡的使用

电压挡的使用如表 3-2-4 所示。

表 3-2-4　　　　　　　　　　　　　电压挡的使用

项　目	图示及说明	
	直流电压挡	交流电压挡
测量举例		
测量须知	① 测量直流电压时，红表笔应接至高电位，黑表笔接低电位 ② 测量交流电压时，表笔无正负 ③ 当选择交流 10V 挡测量，读数时查看第 3 条标度尺 ④ 在测量高压（1 000 ～ 2 500V）时： 　a. 测交流高压时，量程选择开关置于交流 1 000V 挡；测直流高压时，量程选择开关置于直流 1 000V 挡 　b. 读数时查看表盘第 2 条标度尺，满偏刻度为 2 500V 　c. 将红、黑表笔插在正确的插孔内，如右图所示	
养成好习惯	① 若无法估计被测电压的大小，则应选择最高挡进行测量，再根据指针偏转情况，选择合适的挡位进行测量 ② 在测量 100V 以上的高压时，要养成单手操作的习惯，即先将黑表笔置电路零电位处，再单手持红表笔去碰触被测端，以确保人身安全	

第三节　家庭常用电工耗材

本节对安装工程中的电工耗材作一简介，供读者在装修过程中参考。

1．常用安装工程电工耗材

家庭电路装修时常用的电工耗材如表 3-3-1 所示。

表 3-3-1　　　　　　　　　　　　　　常用的电工耗材

名称	图　示	解　说
钢钉	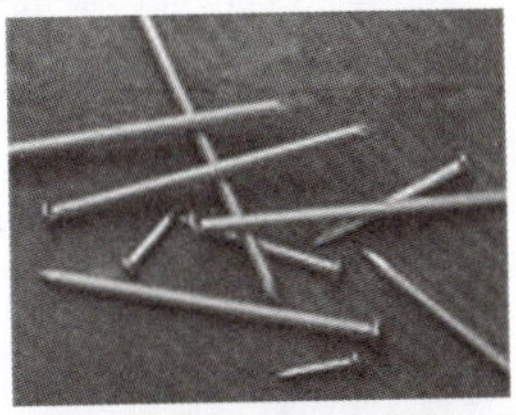	钢钉一般用于水泥墙、地面与面层材料的连接以及基层结构的固定，具有不用钻孔打眼等特点
圆钉		圆钉主要用于木质结构的固定
膨胀螺栓	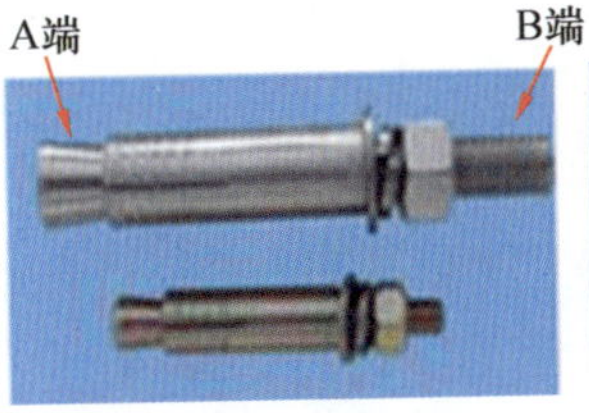 	膨胀螺丝由螺杆和膨胀管等部件组成 安装方法： ①墙上打孔（适配） ②A 端先进洞 ③B 端螺帽先拧紧 2 圈后，感觉膨胀螺栓比较紧而不松动后再拧下螺帽 ④最后把固定件对准螺栓装上，装上外面的垫片或是弹簧垫圈，再把螺帽拧紧即可
膨胀管	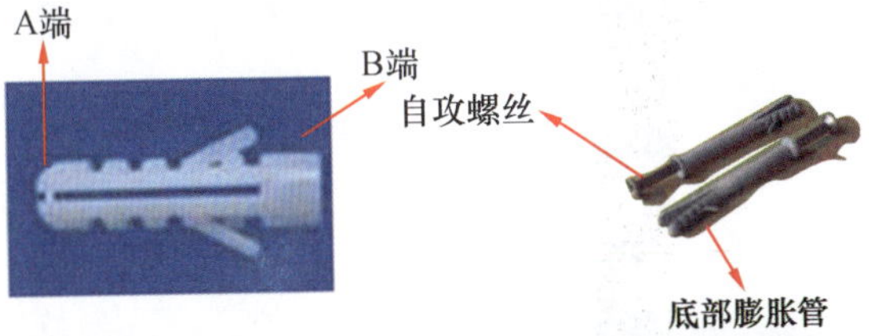	安装方法： ①墙上打孔 ②A 端先进洞 ③固定件对准螺丝孔 ④用自攻螺丝旋入，使底部膨胀锁紧螺丝而坚固
生料带	 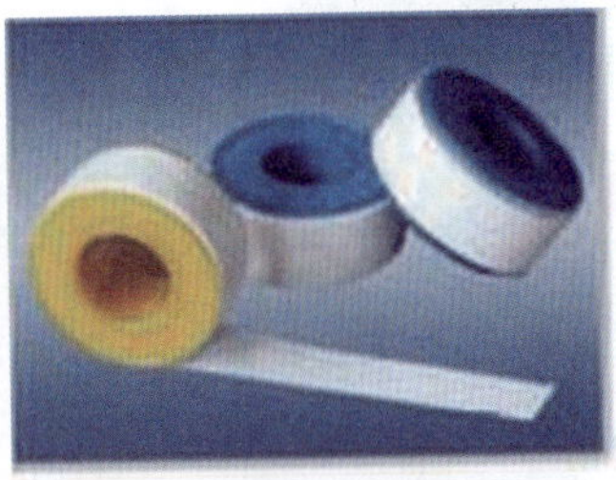	生料带主要用于安装管道、水嘴接头处的密封，主要起防止漏水的作用
502 胶水	 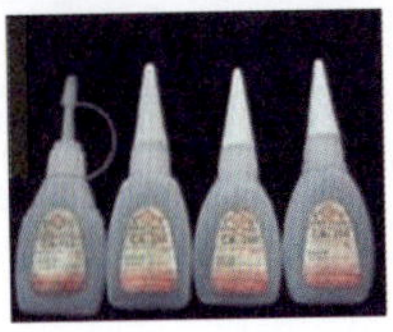	502 胶水常用于金属、塑胶、橡胶、木材、陶瓷、皮革等的粘接

续表

名称	图　示	解　说
电工胶带	电工防水胶　　电工黑胶布	电工胶带包括电工防水胶、电工黑胶布。它具有良好的绝缘耐压、阻燃、耐候等特性，主要用于导线绝缘层的恢复，电线接驳、电气绝缘防护等
管卡	铝合金管卡　　不锈钢管卡 塑料管卡　　PVC管卡	管卡是明暖安装中常用的一种管件，用于固定管道。管卡包括铝合金管卡、不锈钢管卡、塑料管卡、PVC管卡等
线卡钉	（a）传统线卡　（b）线卡产品的包装盒 （c）创意线卡	线卡钉是用来固定墙上电线（明线）的一种器材。创意线卡既可起传统线卡的固定作用，也可增加居室的美感，是一种时尚的装修器材

续表

名　称	图　　　示	解　　说
扎带	 （a）金属扎带 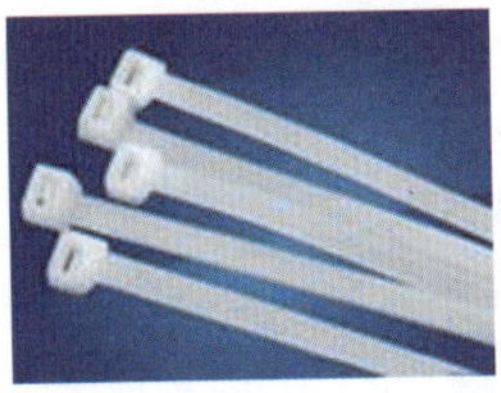　　　　　（b）尼龙扎带  （c）产品袋	扎带，顾名思意为捆扎东西的带子，分为金属扎带（一般为不锈钢材料）和塑料扎带（一般为尼龙材料）。扎带产品具有绑扎快速、绝缘性好、使用方便等特点
热缩管	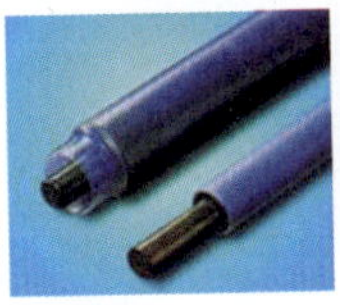 	热缩管具有遇热收缩的特殊功能，常用于灯饰、LED 引脚的包裹。把热缩管套在接线的位置，再对着热缩管用热风机或打火机加热，热缩管就会因热缩小，其效果如左图所示
接线端子	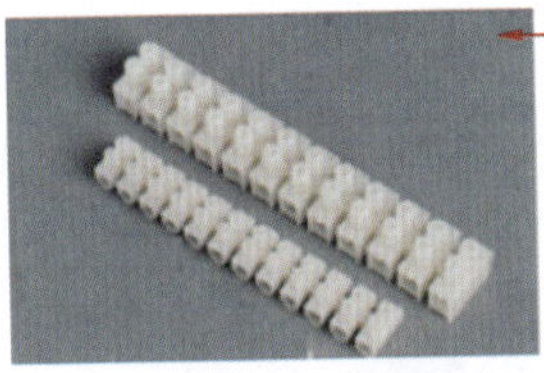 螺丝紧固 导线插入 灯饰内接线端子 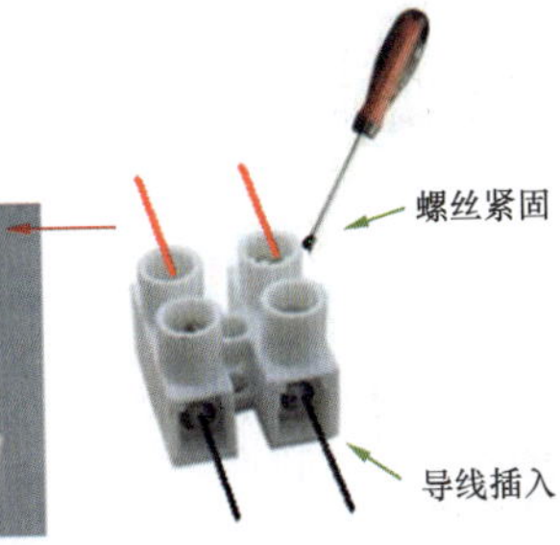 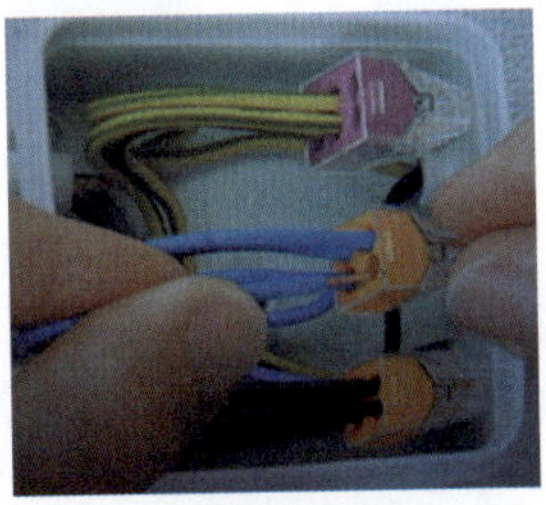 灯饰内内接端子	接线端子就是用于实现电气连接的一种配件产品

　2．干电池

　　干电池是日常生活中常用的耗材，应用于手电筒、半导体收音机、照相机、电子钟、电动玩具等方方面面。根据用电器的不同，应选择不同类型的干电池，同时选择性能价格比高的产品，下面为达到这一目的对干电池作一简介。

　　（1）电池的分类

　　电池的分类如表 3-3-2 所示。

表 3-3-2   电池的分类

项目	图　　示	说　　明
按能量转换形式分类	硅光电池	物理电池
	圆形　　方形　　普通电池　　纽扣型	化学电池
按充放电次数分类	一次性电池	一般普通电池都是一次性电池，只能使用一次，电能耗尽后就报废了
	二次性电池	二次性电池，又称可充电电池，可以多次充放电循环使用，一般可用 3 年以上。例如镍镉电池、氢镍电池、锂离子电池、碱锰充电电池和密封铅酸蓄电池等。可充电电池需购置充电器且价格相对较贵
按材料分类	普通锌锰电池	普通锌锰电池（常见的干电池）为一次性电池，电压为 1.5V，电池容量小，但价格比较便宜。它适用于小电流和间歇放电的场合，如遥控器、电子钟、音乐门铃等，不适合大电流负载，如电动玩具

续表

项 目	图 示	说 明
按材料分类	 碱性锌锰电池	碱性锌锰电池为一次性电池，电压为1.5V。同等型号的碱锰电池是普通电池的容量和放电时间的3～7倍。它适用于大电流连续放电，适用于照相机闪光灯、剃须刀、电动玩具、MP4、数码相机等
按材料分类	 镉镍电池	镉镍电池为二次性电池，电压为1.2V，充放电次数一般都在几百次之上。它具有良好的大电流放电特性，但有记忆效应
按材料分类	 镍氢电池	镍氢电池为二次性电池，电压为1.2V 使用注意事项： ① 首次使用前必须对电池进行充电 ② 请勿与干电池混合使用 ③ 请勿短路、拆解、加热或火烧电池，正负极不要接反，以免发生漏液或爆炸 ④ 充电时间估算：充电时间＝（1.3～1.5）× 电池容量 ÷ 充电电流
	 锂离子电池	锂离子电池为二次性电池，电压为3.6V，充放电次数约为500次左右，没有记忆效应，可随用随充。它的能量密度比是镍氢电池的1.5～2倍，广泛应用于航模、玩具、电动工具、机器人等动力产品领域
按材料分类	 锌 - 氧化银电池	锌 - 氧化银电池的电压为1.55V，主要为纽扣电池，放电电流较小，适合微安级的放电要求。多用在计算器、电子玩具、助听器、打火机、手表等电子产品中
	 锂 - 二氧化锰电池	锂 - 二氧化锰（CR纽扣电池）的电压为3V，主要为纽扣电池。多用在电子词典、计算器、计算机主板CMOS电池、手表等电子产品中

续表

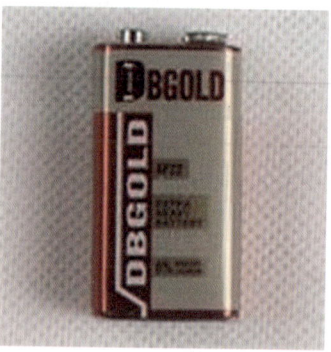

项目	图　示	说　明
按外形分类	 1号　　　2号 5号　　　7号	圆柱形电池外形尺寸及型号 圆柱形电池有1号、2号、5号、7号等不同型号
	 AG1　AG2　AG3　AG8 AG9　AG10　AG13　SR626 CR1620　CR2032　LIR2032 纽扣电池	纽扣电池体积小,型号多。常见的纽扣电池有:AG系列扣式碱性电池,1.5V（AG0~AG13）;SR系列扣式锌银电池,1.5V；CR系列扣式锂锰电池,3.0V；LIR锂离子纽扣电池系列,3.0V
按外形分类	 叠层电池	纽扣电池除了可以单体电池供电外，由于其体积小，还发展了高伏电池,即将多个纽扣电池层叠。典型的型号有:6F22（9V）,4F22（6V）,23A（12V）,25A（9V）,26A（6V）,27A（12）等

圆柱形电池外形尺寸及型号

传统叫法	直径(mm)	高度(mm)	普通锌锰电池			碱性锌锰电池		
			IEC型号	美国型号	日本型号	IEC型号	美国型号	日本型号
1号	34.2	61.5	R20	D	UM-1	LR20	D	AM-1
2号	26.2	50	R14	C	UM-2	LR14	C	AM-2
5号	14.5	50.5	R6	AA	UM-3	LR6	AA	AM-3
7号	10.5	44.5	R03	AAA	UM-4	LR03	AAA	AM-4

项目	图　示	说　明
按外形分类	块状电池	锂离子电池多数做成块状，其大小、接点尺寸等没有统一的规定，就像目前的手机电池一样，不同的手机其电池都不一样

（2）电池质量的简单鉴定

① 电池质量的检测

电池的一个重要技术指标就是容量，它是指电池存储电量的大小。电池容量的单位是"mA·h"，中文名称是毫安时。大容量电池也采用 A·h（安时）。例如：某额定容量是 1 300mA·h，则当放电电流为 130mA 时，大约能用 10h。但是这个时间与放电电流的大小以及放电时的温度有关。容量的检测需要专用仪表，一般情况下测容量比较困难，可采用表 3-3-3 所示的简单方法估测电池的容量。

表 3-3-3　　　　　　　　　　　　　　　电池容量的检测

项　目	图　示	说　明
测开路电压	开路电压	使用万用表电压挡直接测量电池两端电压。由于万用表内阻较大，此时测得的数值基本上为电池的电动势。无论电池的新旧程度如何，测得的电压基本不变。如果此时测得的电压已经接近放电终止电压，如普通锌锰电池端电压为 1.2V，则说明此电池已完全失效
测带负载电压	带负载电压	将电池带上一定负载后，如接通一个 1.5V 灯泡测量电池两端电压，则能比较真实地反映出电池的状态。如此电压低于 1.2V 时，说明电池电量不足
测瞬时短路电流	瞬时短路电流	用万用表直流电流挡，瞬时测量电池的短路电流（瞬时短路）： ① 1 号电池短路电流为 5A ② 2 号电池短路电流为 3.5A 若实测电流远小于指标值，说明被测电池电力不足 注意：测量时间要很短，以免损坏电池

② 电池使用注意事项

不同种类的电池一般不能混合使用，因为电池的材料不同，内阻有差异，混合使用会影响到电池的效率。同理，同一类型的新旧电池因其内阻不一，也不能混合使用。否则，旧电池的内阻反而会白白地消耗新电池的能量。

使用电池应该注意以下几个基本问题。

a. 新旧电池不要混合使用。

b. 不同类型的电池不能混合使用。

c. 应根据不同负载选择电池的规格，注意短路电流这一参数的实际意义。

d. 电池长期不用或电池用完应从机器中取出。

e. 电池不宜长期存放，购买时应注意电池底部标注的生产日期和保质期。

f. 由于电池中多含有汞、镉、铅等重金属，对人体和环境都有危害，因此，废旧电池不应随意丢弃。

③ 电池性能规格表

电池性能规格如表 3-3-4 所示。

表 3-3-4　　　　　　　　　　　电池性能规格表

型号	牌名	名称	标称电压（V）	外形尺寸（mm）	放电时间（min）	放电电阻（Ω）	放电方式	终止电压（V）	短路电流（A）	容量	用途
R20	天鹅牌	1号干电池	1.5	φ33.5×61.5	800	5	间放	0.75	5	1.1（A·h）	收录机、剃须刀、电动玩具等
R20	飞马牌	1号干电池	1.5	φ33.5×61.5	800	5	间放	0.75	5		收音机、仪表、照明、玩具等
R14	飞马牌	2号干电池	1.5	φ26×50.5	260	5	间放	0.9	3.5		收音机、仪表、照明、玩具等
R6	天鹅牌	5号干电池	1.5	φ14.5×50.5	130	5	间放	0.9	2.5		剃须刀、闪光灯等
SR44	达立牌	纽扣型	1.55	φ11.6×5.4	37 800	7 500	连续	1.2		175（mA·h）	计算器、电子表
SR726	达立牌	纽扣型	1.55	φ7.6×2.6	28 200	3 300	连续	1.2		24（mA·h）	电子表

【注】

a. 电池的容量用放电电流和放电时间的乘积来表示。例如，容量为 1.1A·h 的电池，是指该电池用 1.1A 的电流放电，能使用 1h。如果用 550mA 的电流放电，就能使用 2h。

b. 电池的记忆效应即电池在经过一充放电工作周期以后，自动保持上一周期的电性能的倾向。例如，如果电池具有 1 300mA 的电量，在使用了电量的一半后又充电，电池即会自动记忆这一放电平台的特征，以后使用时，每当放电 650mA 时即会停止工作，必须重新充电，从而大大地影响了电池的功能。所以，在使用有记忆效应电池的过程中，要尽量避免这一现象的发生。使用时要把电量用尽再充电。若没有用尽，一定要先充分放电，然后再充电。

c. 充电器使用注意事项。

（a）按照充电器正负极性，将电池放入充电仓内，然后再将充电器插入电源插座上。

（b）掌握好充电时间，到时取下电池，不要过充。

充电时间估算：充电时间（h）=（1.3~1.5）× 电池容量（mA·h）÷ 充电电流（mA）

电池型号	AAA350	AAA600	AA850	AA1300	AA1800	AA2000	9V140	9V200
充电时间（h）	3.5	6	8.5	13	18	20	14	20

（c）严禁对 1.5V 碱性/碳性等不可充电电池充电，否则可能漏液或爆炸。

（d）不能在潮湿、多灰尘的地方使用或存放。

（e）不能在阳光直射、火炉等高温场所使用或存放。

（f）如果充电器出现故障，不要自行拆解，以防触电。

第四节　家用电器常见认证标志

一款合格的产品，其铭牌上一般都贴有认证标志。它表示该产品经过相关权威机构的检验和认可，表达了该产品质量的等级保证。因此，产品的认证标志可作为业主选择产品时的重要参考。几种家用电器常见认证标志如表 3-4-1 所示。

表 3-4-1　　　　　　　　　　　　　　　　家用电器常见认证标志

序号	标志类型	标志图形	标志意义
①	3C 认证标志		3C 认证是中国强制性产品认证制度。3C 认证的全称为"强制性产品认证制度"，所有在中华人民共和国境内生产、出口、销售和使用的各类产品必须取得 3C 认证。只有通过 3C 认证的产品才能被认为在安全、EMC、环保等方面符合强制要求
②	中国节能认证		凡获得节能认证的家用电器、照明产品、办公设备、试听设备等产品，在其产品或包装上通常贴有节能标志。圆形节能标志中央是一个变形的"节"字，主体呈天蓝色，并有"中国节能认证"的字样，可以帮助消费者快速的识别产品
③	中国电工产品安全认证		长城标志是中国电工产品认证委员会（CCEE）质量认证标志。已经实施强制认证的产品有：电视机、收录机、空调、电冰箱、电风扇、电动工具、低压电器
④	6A 洗衣机国家标准		新 6A 洗衣机国家标准，对洗净比、含水率、噪声、耗水量、洗净均匀度、无故障运行时间这 6 个项目进行了分等分级，每个项目分为 A、B、C、D 这 4 个等级，6 个指标检测结果全是 A 级，即为 6A 洗衣机，是消费者选购洗衣机的重要依据
⑤	中国质量认证		质量环保产品认证是一个综合性认证。如果家用电器产品上贴有这个标识，表明该产品在使用性能、电磁兼容要求、能耗限值要求、噪声限值要求、电磁辐射保护要求、有害物质限值使用要求和安全等几个方面符合国家的要求
⑥	国家免检质量标准		免检标志属于质量标志，获准免检的产品在一定时间内免予各地区、各部门各种形式的检查

序号	标志类型	标志图形	标志意义
⑦	产品性能认证		产品性能认证是我国评价洗衣机洗涤性能的唯一标准
⑧	欧盟电器产品认证		欧盟规定所有电气电子产品必须通过EMC认证，加贴CE标志后才能在欧共体市场上销售。所谓的EMC是一种电磁兼容标志，它要求电器产品产生的电磁干扰（EMI）不得超过一定的标准，以免影响其他产品的正常运作，同时电气产品本身亦有一定的抗干扰能力（EMS），以便在一般电磁环境下能正常使用
⑨	CE欧洲共同市场安全标志		CE标志是欧洲共同市场安全标志，是一种宣称产品符合欧盟相关指令的标识。目前欧盟已颁布12类产品指令，主要有：玩具、低压电器、医疗设备、电讯终端（电话类）、自动衡器、电磁兼容、机械等
⑩	国际电工CB认证		CB标志意味着制造商的电器和电子产品已通过国际认证机构（NCB）的检测。CB证书和检测报告被IEC（国际电子委员会）会员国的NCB认可。在NCB相同的范围内，制造商无需到各个国家的认证机构重复认证相同的产品
⑪	美国质量安全认证		UL认证标志是美国质量安全认证，现在UL标志已被许多国家接受，通过UL标志认证的产品可在世界大多数国家的市场销售
⑫	德国安全标志		GS标志是一种在世界各地进行产品销售的欧洲认证标志

第五节　家用电器接地

　　家用电器设备由于绝缘性能不好或由于环境潮湿，会导致其外壳带电，严重时会发生触电事故。为了避免这种情况的发生，现在都是在电器的金属外壳上面连接一根电线，并将电线的另一端接入大地，一旦电器发生漏电，接地线就会把电带入到大地，从而保护无意触碰者的人身安全。

　　接地线一般选用单股铜芯线，线径选在1.5mm^{2}或2.5mm^2，接地体选用镀锌的圆钢、角钢、扁钢均可。

1. 家庭电器接地的正确接法

对于高楼住户，家庭地线应接电力系统提供的楼宇地线。对于一些散户，在没有能力自设地线的情况下，传统电工的最简单的方法是把自来水管或暖气管当大地来接。但是，由于一些金属表面涂了防锈保护层，所以接线时应将其保护层刮掉，以保证地线可靠的接地。三芯插头插座正确的接地线方法如图 3-5-1 所示。

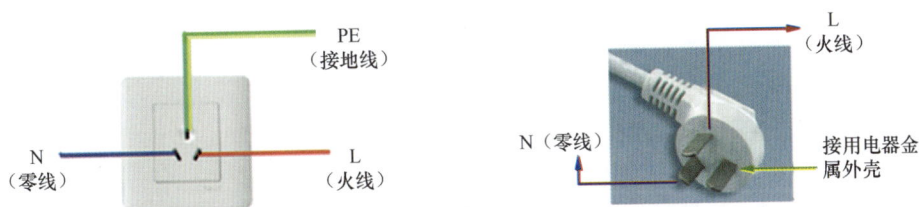

图 3-5-1　三芯插座正确的接地线方法

2. 家庭几种不正确的接地方式

（1）如图 3-5-2 所示，一些用户使用三芯插座时，仅接零、火两线，接地端空着不用。应该说，这对家用电器的正常运行没有影响，但三芯插座失去了接地保护的作用，同时也造成了插座资源的浪费。

（2）如图 3-5-3 所示，有的用户将插座里面的相、零线接反，这对电器设备工作没有什么影响。按照人们的思维惯性，人们会理解为插座的左孔是零线，但由于零、火线错接，此时左孔实际是火线，这在某一特定的条件下可能会造成不安全的事故发生。

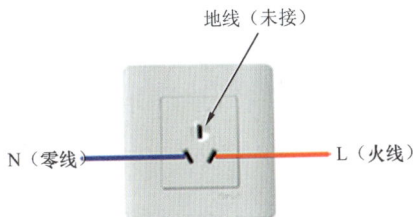

图 3-5-2　地线未接（错误接法）

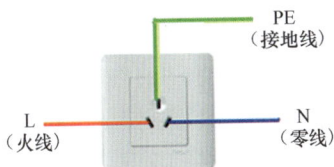

图 3-5-3　相、零线接反（错误接法）

（3）如图 3-5-4 所示，插座的接地端直接与接零端相连。这样做实际是将工作零线兼作保护零线使用，地线和零线相连，那么火线和零线在形成回路的同时也和家用电器的外壳形成回路。如果遇到相、零线接反，那将是非常危险的。因此，保护接地线绝对不能与零线共用。

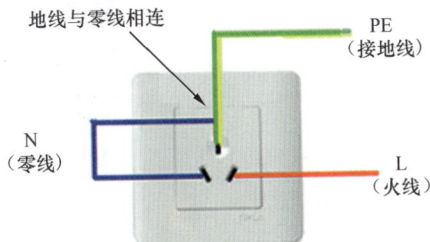

图 3-5-4　插座的接地端直接与接零端相连（错误接法）

（4）如图 3-5-5 所示，插座的接地端接火线，下面两个孔分别接地、零两线，火线与地线接反了。这样，原本接电器金属外壳的地线变成了火线，即电器外壳带电。这种情况极其危险！

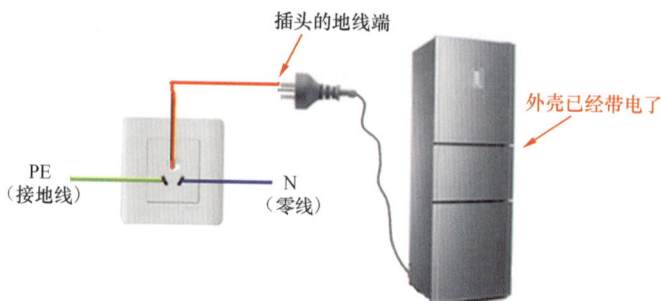

图 3-5-5 火线与地线接反（错误接法）

（5）如图 3-5-6 所示，有的散户在地面上插一根铁丝或钢筋，也不管接地电阻是否合适，就用一根导线将其接到电冰箱、洗衣机等家用电器的金属外壳上。实际上，由于接地电阻太大，也不能起到防护的作用。

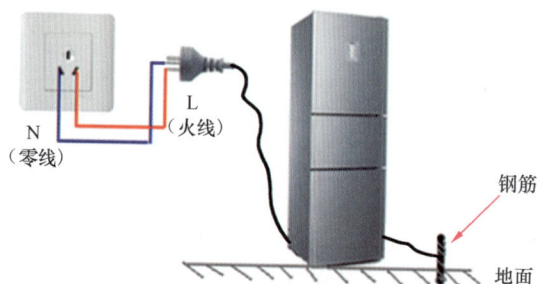

图 3-5-6 将铁丝或钢筋插在地面连接用电器（错误接法）

（6）如图 3-5-7 所示，高层住宅的用户甚至用自来水管或燃气管道做接地体，这种做法相当危险。因为自来水管和燃气管道的表面都涂有防腐涂料，特别是用燃气管道做接地体更不恰当。

3．如何区分零线和地线

一般而言，接线标准如下所示。

火线（L）颜色为红色；零线（N）颜色为蓝色；地线（PE）颜色为黄、绿相间的双色线。面对三孔插座，左零、右火、中间为地线。

按标准颜色正确布线，如图 3-5-8 所示。

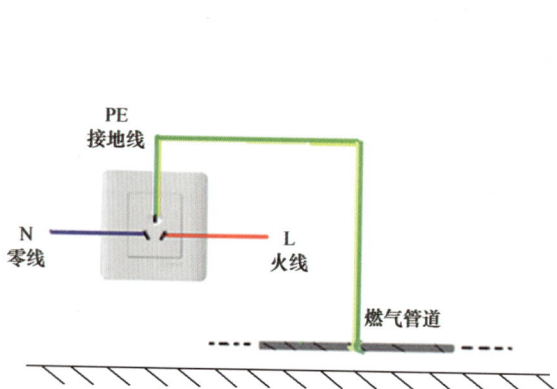

图 3-5-7 将燃气管道作为接地体（错误接法）

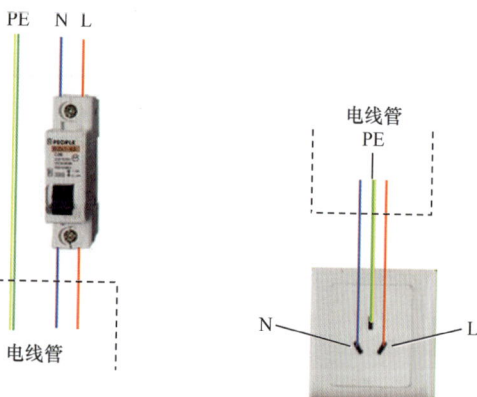

图 3-5-8 按标准颜色正确布线

但在实际中，3 根线的颜色有时会一样，这就给电工带来了如何正确区分零线和地线的问题。3 根线颜色一致的情况如图 3-5-9 所示。

　　针对 3 根线颜色一致，区分导线性质的方法如下所示。

　　（1）找火线的测试方法如图 3-5-10 所示。用灯泡在 3 根线中进行测试，如出现图 3-5-10 中所示的灯全亮的情况，则 2 线为火线。

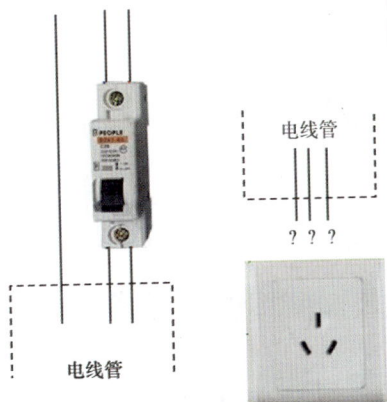

图 3-5-9　3 根线颜色一致的示意图

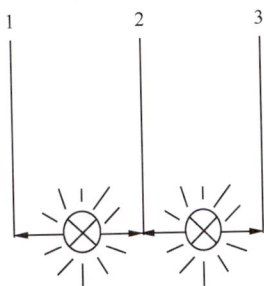

图 3-5-10　找火线的测试方法

　　（2）找零线的测试方法如图 3-5-11 所示。首先点亮灯泡，然后将总开关的零线断开，只接通火线，若灯仍然亮着，则 1 线为零线，3 线为地线；若灯灭，则 3 线为零线。

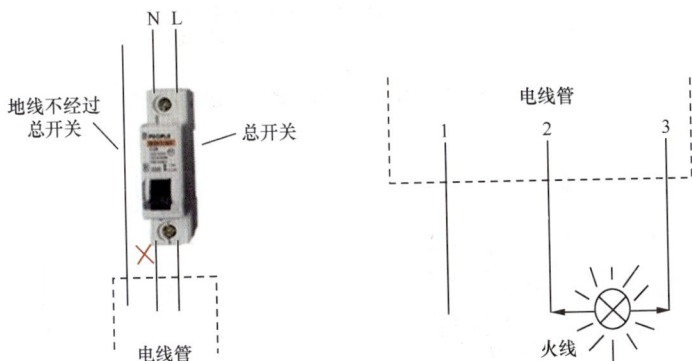

图 3-5-11　找零线的测试方法

　　另外，关于零线和地线的区分有如下说法。

　　将 220V 的灯泡用电笔确定火线后，分别用两根线和火线接在灯头上，从亮度上就可以区别零线和地线：亮的是零线，稍暗的是地线。这种说法基于以下的道理。

　　零线对地电阻小于 4Ω 为可靠接地，若用万用表 ~250V 挡测火线与零线、火线与地线的电压，两值大约相差在 5V 左右。经过笔者实测，笔者认为这种方法在实际中很难确认。

第六节　家用开关插座接线和布线示例

　　开关、插座及灯具之间的接线从电原理图来看是很简单的，但在实际上却不是那么简单。其主要原因有二：一是每个接线端子不允许超过两根线，二是布线中不允许有接头，下面的接线示例及说明仅供读者参考。

　　（1）家庭开关插座接线示例，如表 3-6-1 所示。

表 3-6-1   家庭开关插座接线示例

型号	说明与接线

正面图

70 mm

118 mm

此面板由A和B两个单极开关组成

指插入导线的线径范围

φ1.38 φ1.78 铜单线专用剥线皮长度

12mm

接线方向

m

认证

产地

MADE IN CHINA

开关底部标识

反面图

①插入硬线（剥线皮导线长度为 12mm），插入后即牢靠接入

L

②拆线装置（需拆线时用平头螺丝刀向下按即可拆线）

③内部已连线 A1和A2、B1和B2

A1 A2

B

A

④A开关合上时，A1和B1连通；A开关断开时，A1和B1断开

B1 B2

⑥开关底部标识

⑤AB为两个一样的单极开关

① 118型二位开关

WEHC5521 10AX 250V~ 北京松下电工 1006

产品规格，厂家

接线图

②火线进开关 ③电源跳线

④二路负载

N   N

L   L

A   B

①A与B开关各控制一盏灯（或负载）

N   N

续表

型号		说明与接线
② 带开关三孔插座	正面图	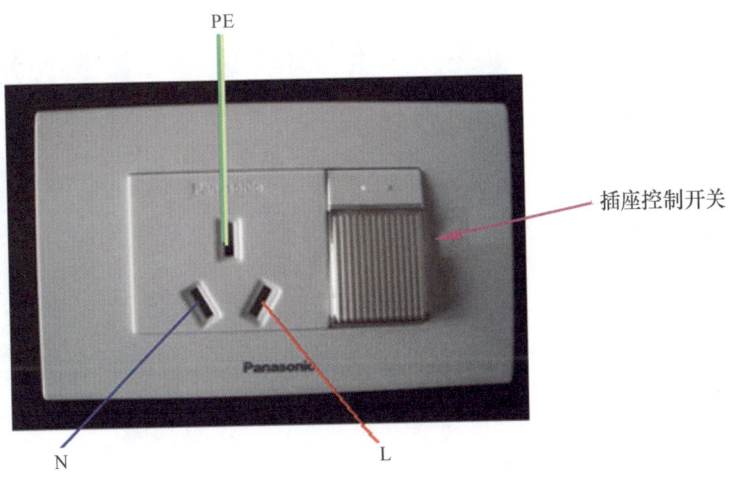
	反面图	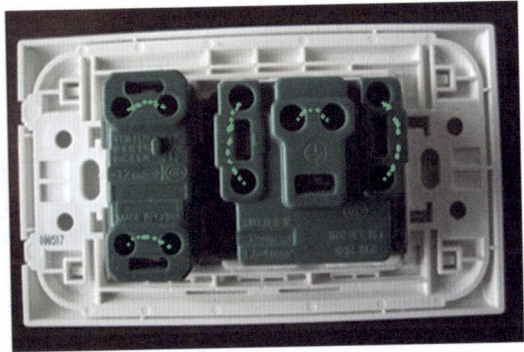

图中的虚线是表示内部已连线 |
| | 接线图 |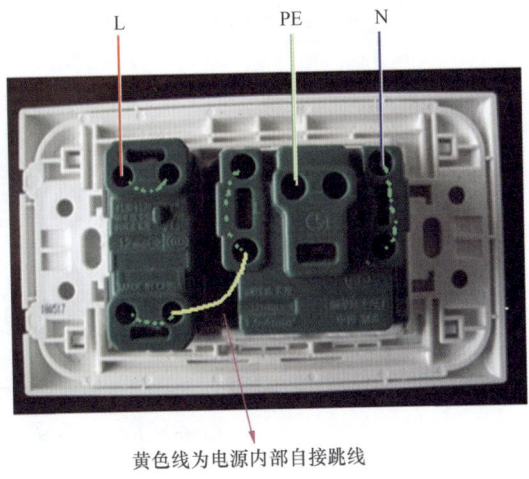

黄色线为电源内部自接跳线 |

型号	说明与接线
③ 118 型二孔及三孔插座	正面图 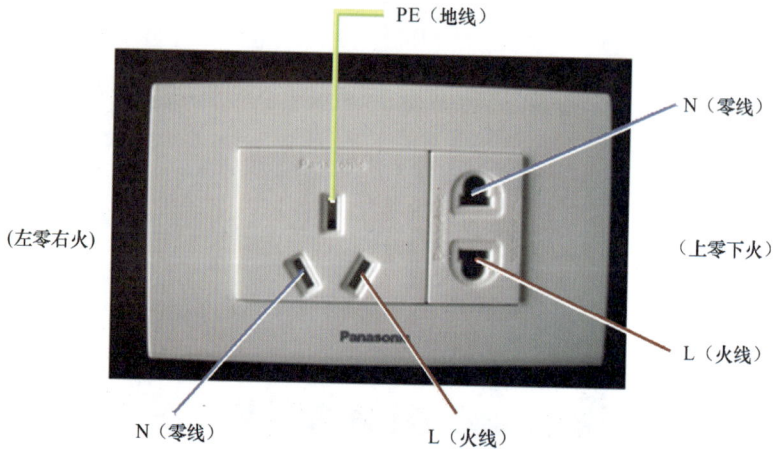 反面图 图中的虚线是插座原内部接线 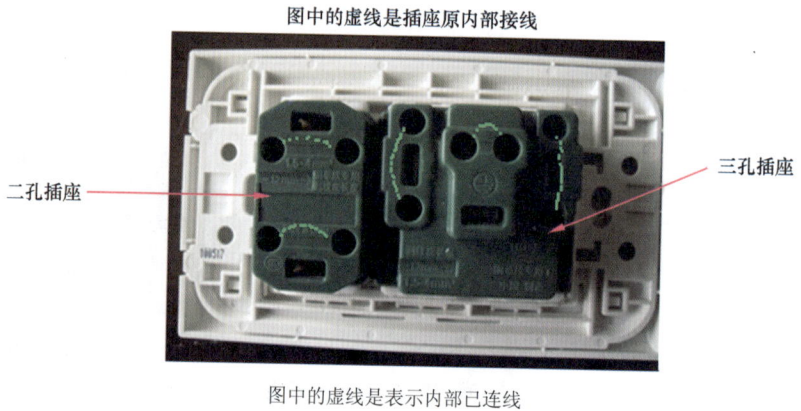 图中的虚线是表示内部已连线 接线图 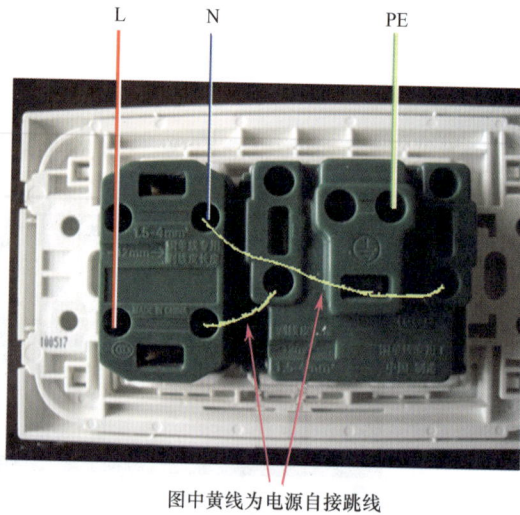 图中黄线为电源自接跳线

续表

<table>
<tr><th>型号</th><th colspan="2">说明与接线</th></tr>
<tr><td rowspan="3">④ 118 型三孔插座</td><td>正面图</td><td>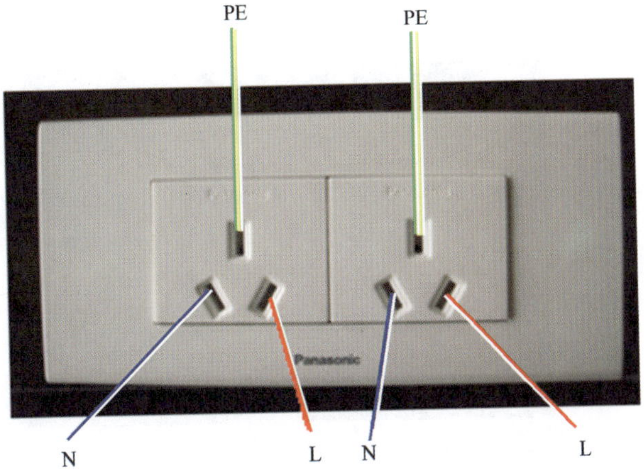
PE
PE
N
L
N
L
Panasonic</td></tr>
<tr><td>反面图</td><td>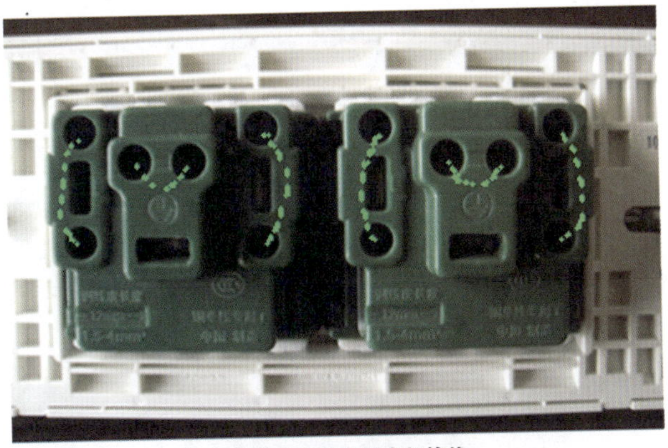
图中虚线为原电源内部接线</td></tr>
<tr><td>接线图</td><td>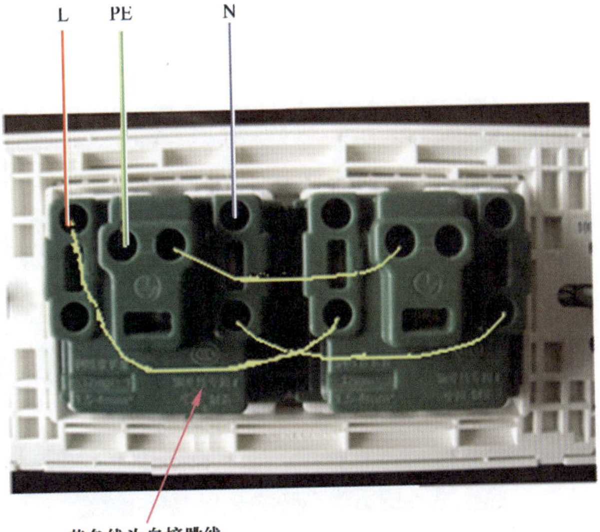
L
PE
N
黄色线为自接跳线</td></tr>
</table>

型号	说明与接线 续表
⑤组合插座	**正面图** 右边一组接线方法同左侧相同 **反面图** 图中的虚线是插座原内部接线 **接线图** 图中黄线为电源自接跳线

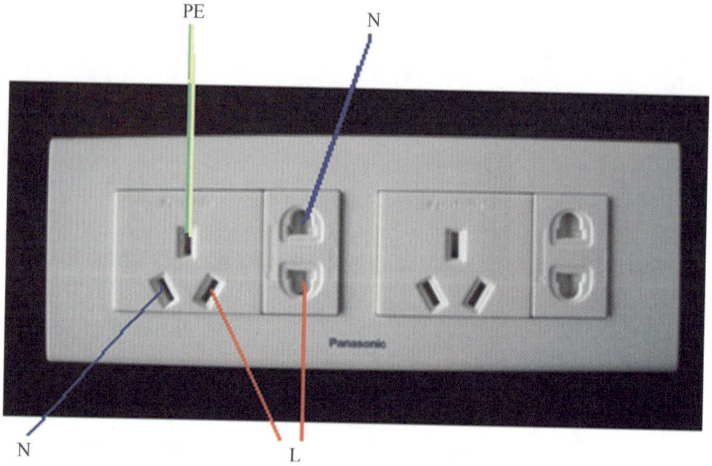

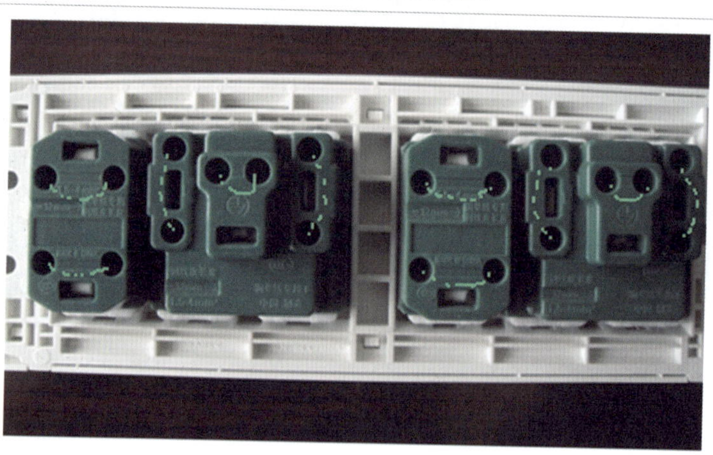

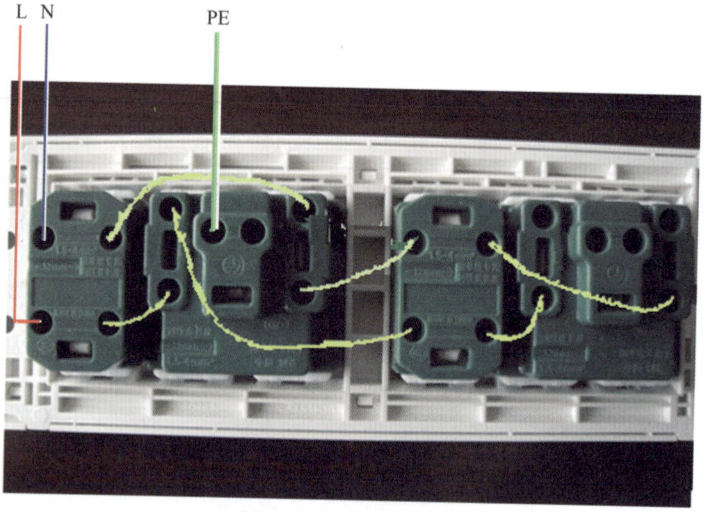

续表

<table>
<tr><th>型号</th><th colspan="2">说明与接线</th></tr>
<tr><td rowspan="3">⑥组合开关插座</td><td>正面图</td><td>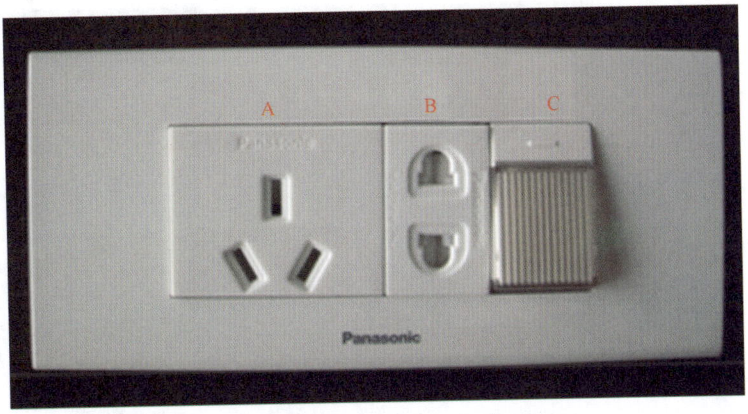

A 插座平时有电，B 插座受 C 开关控制</td></tr>
<tr><td>反面图</td><td>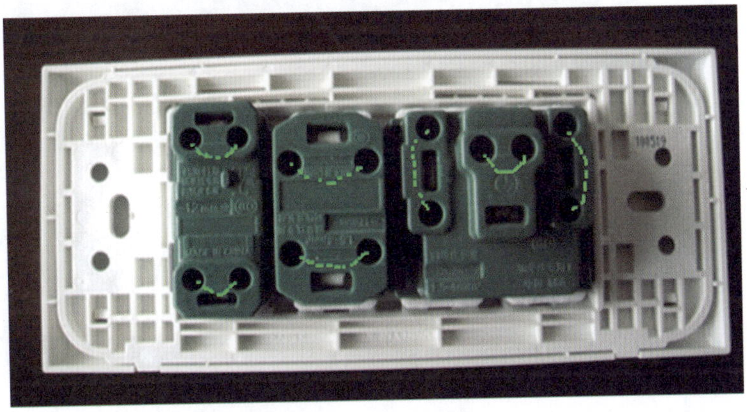
图中虚线为插座原内部接线</td></tr>
<tr><td>接线图</td><td>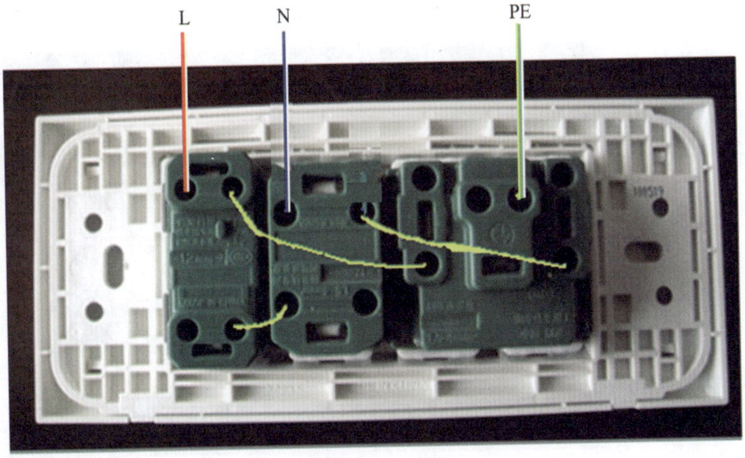

图中黄线为电源自接跳线</td></tr>
</table>

型号	说明与接线
⑦ 组合开关插座	**正面图**  A 插座受 B 开关控制，右侧与左侧类似
	反面图 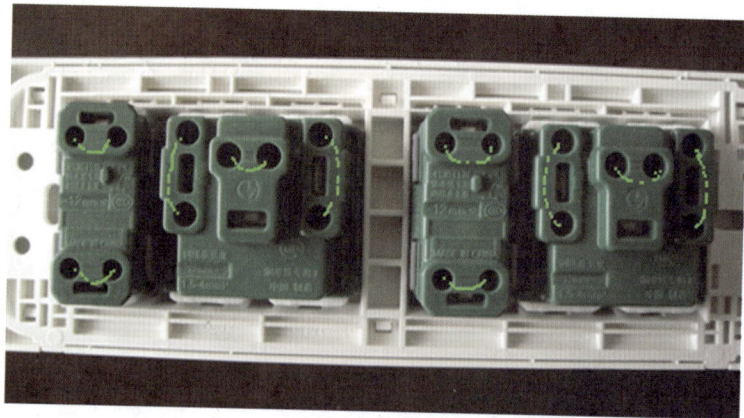 图中虚线为原内部接线
	接线图 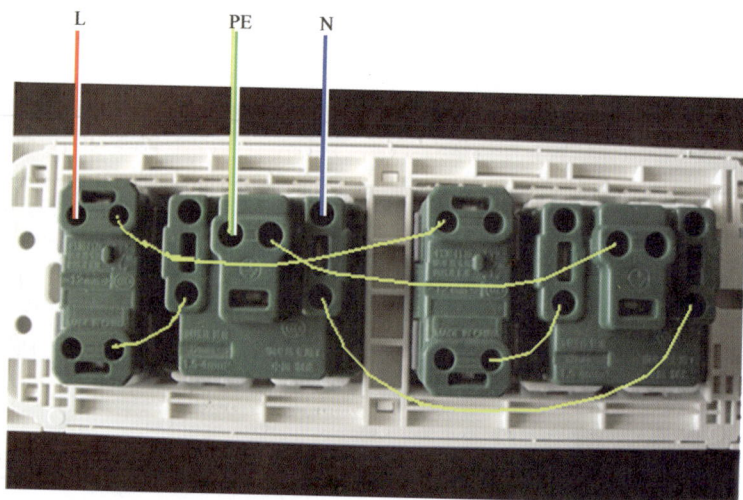 图中黄线为电源自接跳线

续表

型号		说明与接线
⑧组合开关插座	正面图	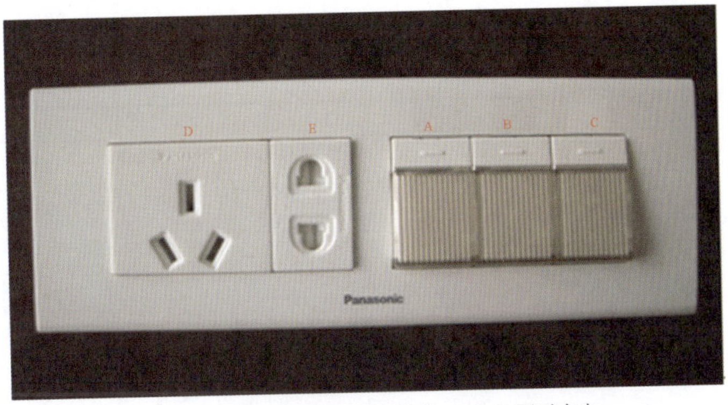 A、B、C 路开关各控制一路负载，D、E 平时有电
	反面图	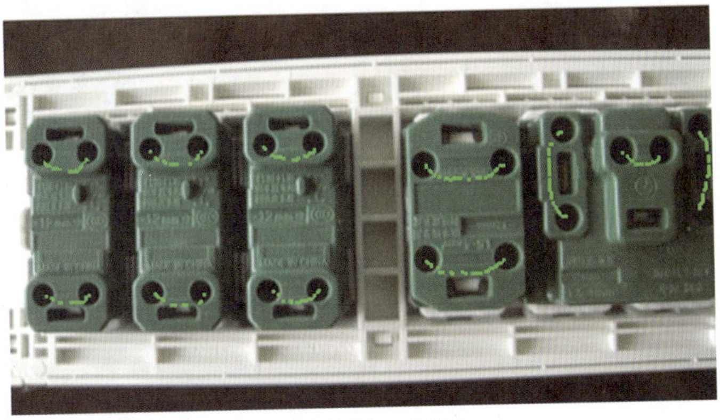 图中虚线为原内部接线
	接线图	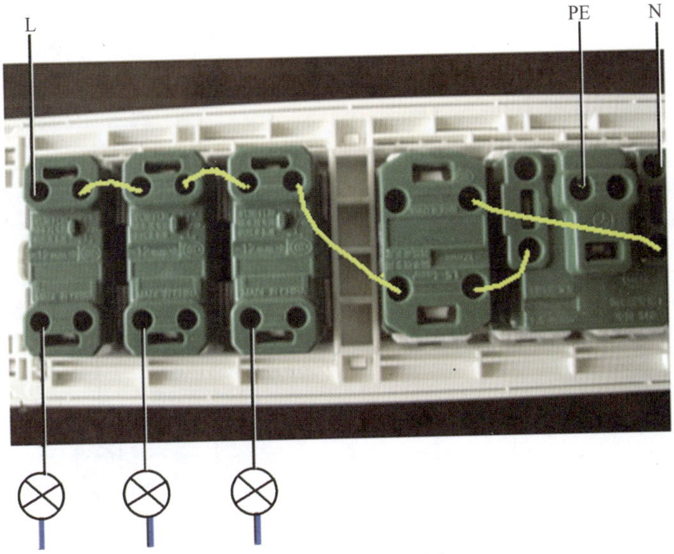 图中黄线为电源自接跳线

（2）为保证布线质量和用电安全，家庭电线路布线中不应有接头 [如图 3-6-1（a）所示] 或缠线，导线若有分支有如下 4 种处理方式。

① 插座接头，如图 3-6-1 所示。

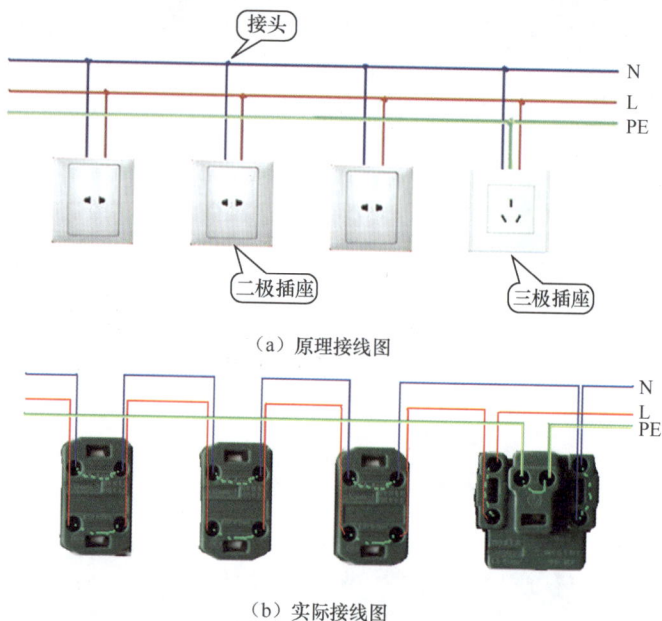

（a）原理接线图

（b）实际接线图

图 3-6-1　插座接头

② 开关接头，如图 3-6-2 所示。

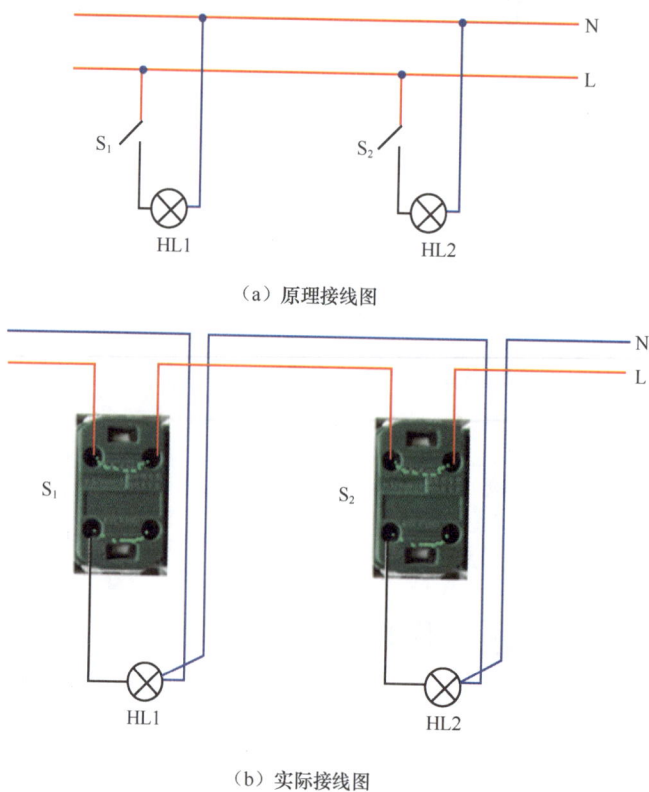

（a）原理接线图

（b）实际接线图

图 3-6-2　开关接头

③ 线路接头，如图 3-6-3 所示。

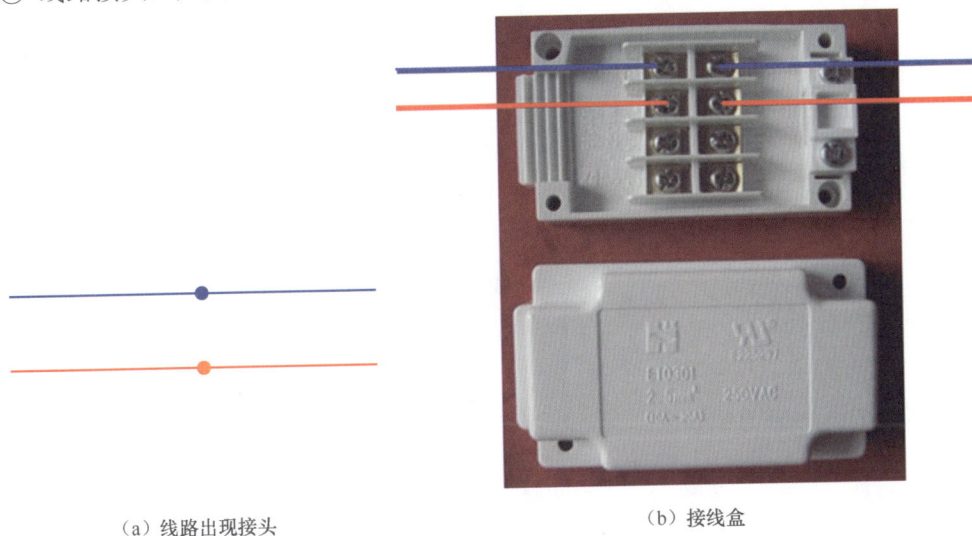

（a）线路出现接头　　　　　　　　（b）接线盒

图 3-6-3　线路接头

④ 灯头接头，如图 3-6-4 所示。

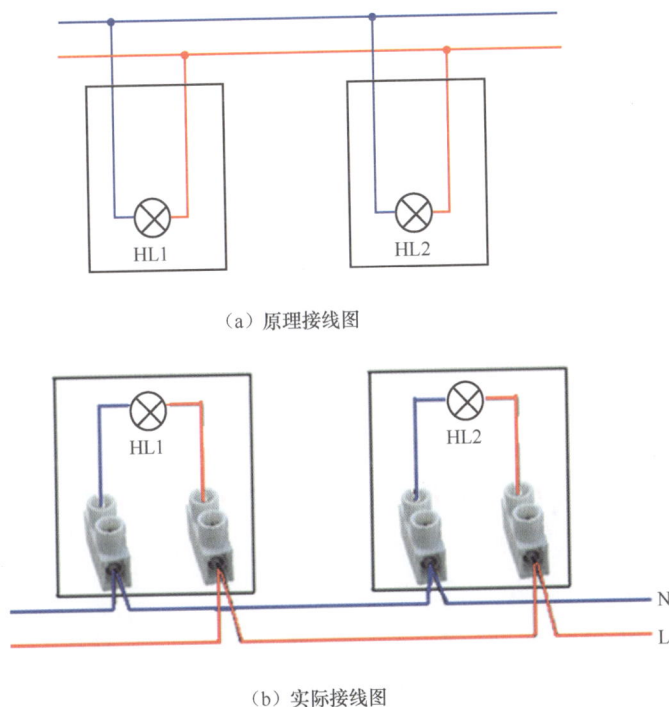

（a）原理接线图

（b）实际接线图

图 3-6-4　灯头接头

参 考 文 献

[1] 商国互联网：http://www.sg560.com/.

[2] 环球经贸网：http://china.nowec.com/supply/detail/6209575.html.

[3] 正泰电工：http://www.chintelc.com/products-switch.asp.

[4] 《王立电子》灯光控制—多媒体信息箱：http://hi.baidu.com/wl52418422/album/item/63d7a1ae87f2b7c4f9ed5070.html#.

[5] 装算网：http://www.zsuan.com/html/200906/01/xuancai0376.htm.

[6] 无忧买卖：http://detail.cn.5umaimai.com/info/10729717.htm.

[7] 中国节能灯网：http://www.100jn.com/products/201055/1479703.html.

[8] 环球资源内贸网：http://www.globalsources.com.cn/gsol/i/%B9%A9%D3%A6led%B5%C6%B4%F8/p/sm/5012207698.htm.

[9] 乐思龙集成厨卫吊顶：http://www.lslong.com.cn/cn/pro_show.asp?i=490.

[10] 中国卫星天线.有线电视前端：http://www.weixingtianxian.com/index.htm.

[11] 张家港数字电视：http://www.zjgtv.cn/newsdata/20100204/3885555.html.

[12] 百业网：http://hf.100ye.com/msg/10261688.html.

[13] 中国投影网：http://www.ty360.com/2007/2007_1_11157.htm.

[14] 明基中国：http://www.benq.com.cn/news/benqnewsdetail.aspx?articleid=3190.

[15] 深圳平板音箱：http://duanyyyy.m.oeeee.com/blog/archive/2007/3/25/224351.html.

[16] 网商在线：http://www.tangyun.e9898.com/shop_xiangxi126143.html.

[17] 上海别墅网：http://www.shvilla.cn/xw/news_show2.asp?newsid=881.

[18] 百年企业在线：http://yp.100years.com.cn/product_detail.asp?product_id=721653.

[19] 硬网络.家居装修布线先行.家庭布线工程全攻略：http://www.i-switch.com.cn/wuxianzq/wxswang/200809/11-346.html.

[20] 华邦塑胶：http://www.cdhuabang.com/prc6.php.

[21] 彩旗网：http://bbs.ss0757.cn/bbs/thread-4359-1-1.html.

[22] 大东家建材商城：http://www.51ddj.com/?gallery-57--4-3--grid.html.